부 추

CHIVES

국립원예특작과학원 著

21세기사

부추

contents 부추

chapter 1   **재배내력 및 영양적 가치**

       01 재배내력   016

       02 영양적 가치 및 효능   018

       03 재배 및 유통현황   023

chapter 2   **형태적 · 생리적 특징**

       01 형태적 특징   030

       02 생리적 특징   033

chapter 3   **품종 및 재배환경**

       01 품종육종   040

       02 품종별 특성   055

       03 알맞은 재배환경   061

chapter 4   **안전재배기술**

01 재배작형   068

02 노지재배   071

03 시설재배기술   097

chapter 5   **병해충 및 생리장해**

01 병해충 진단 및 방제기술   110

02 생리장해 원인과 대책   140

chapter 6   **수확 및 이용**

01 수확 및 유통   150

02 이용   157

부록   **알기 쉬운 농업 용어**   164

• 부추 품종

해돋이

희망

하늘

청하

동장군

YA10-9

YA12-7

국내종

챔피온 그린벨트

수퍼 그린벨트

그린벨트

소련부추

국외종

• **형태**

개화 모습

옆줄기

뿌리

• 재배 기술

노지부추 재배 모습

수확 전 부추

수확 장면

수확 후 포장정리

추비사용 장면

스프링쿨러 설치

정식 전 직파상

점뿌림 노지재배

노지재배

부추 시설재배단지

부추 비가림재배 모습

하우스 직파상

시설 무가온 줄뿌림재배

시설재배

• 병해충

잿빛곰팡이병

잿빛곰팡이병

시듦병

엽부병

엽고병

녹병

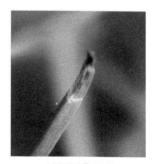

스탬필리움 증상

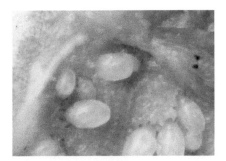

뿌리응애

뿌리응애 피해포장

파밤나방 피해

파혹진딧물

해충

• **생력화**

예취기 작업 모습

동력 파종기

- 관리소홀 포장

염류장해 포장

잡초발생 포장

이랑 이병엽 방치

복토하지 않은 포장

고온건조 피해

저온바람 피해

- 수확 및 출하

노지수확 장면

하우스 수확 장면

부추 다듬기

다듬기 전후 결속된 단

포항 하우스부추 출하 전

옥천 노지부추 출하 전

포장된 부추

chapter 1

재배내력 및
영양적 가치

01 재배내력

02 영양적 가치 및 효능

03 재배 및 유통현황

01

재배내력

가. 내력

부추는 동북아시아 원산으로 중국 동북부에는 지금도 자생지대가 있으며 일본, 중국, 한국, 인도, 네팔, 태국, 필리핀에서 주로 재배되고 있다. 부추는 서양에서는 재배되지 않고 주로 한국, 중국, 일본에서 재배되어 식용으로 이용되고 있는데 부추재배가 가장 발달한 나라는 일본이다. 부추재배의 역사는 중국의 경우 기원전 11세기 서주시대의 〈시경〉(詩經)에 제사에 사용되었다는 기록이 나와 있고, 정월에 부추가 나왔다고 〈하소정〉에 기록되어 있다. 일본은 서기 900년경 〈신선자경〉에 나오고 그 후 〈본초화명〉에도 등장한다. 한국에서는 1236년 〈향약구급방〉에 처음 기록되어있다. 이와 같이 부추는 동북아시아에서 제사, 약용, 식용으로 다양하게 이용되어왔다.

나. 명칭

부추는 백합과(百合科) 파속(屬)인 다년초로 학명은 알리움 투베로숨(*Allium tuberosum* Rottl)이며, 일본에서는 'Nira(ニラ)'로 알려져 있다. 우리나라에서는 지방에 따라 부추, 정구지, 부채, 부초, 솔, 졸이라고 부르기도 하며, 한명(漢名)으

로는 구(韮), 구채(韮菜)라 부르며, 또한 마늘, 달래, 무릇, 골파, 세파 등과 함께 기양초(起陽草)라고 불린다. 그리고 영명으로는 'Chinese chive, Chinese leek, garlic chive, Oriental garlic'으로 부른다.

주로 동남아시아, 중국서부, 한국, 일본의 산에 야생하며, 요즈음에는 재래종이나 새로 육종된 재배종이 우리 식탁에 올라오고 있다. 형태적 특징을 보면 비늘줄기는 작고 담갈색의 섬유로 싸여 있으며 밑에 뿌리가 봄철에 선상(線狀)육질의 잎이 비늘줄기에서 여러 가닥 나온다. 여름철에 작고 흰 꽃이 피고 열매가 익으면 저절로 터져서 까만 씨가 나오는데 한방에서는 이것을 구자(韮子)라 하여 비뇨의 약재로 이용한다.

02

영양적 가치 및 효능

가. 영양적 가치

부추는 독특하고 강한 냄새 때문에 2차 세계대전 이전에는 식품으로서의 소비가 보편화되지 못하고 주로 겨울에서 봄으로 넘어가는 시기에 죽에 섞어 정장제(整腸劑)로 이용되거나 데쳐서 나물로 이용되어왔다. 그러다가 종전 이후 건강식품 선호 경향의 식생활 변화로 부추의 효능 빛 영양적 가치가 높게 평가되면서 부추의 소비가 급증하고 있으며 이에 따른 재배면적도 늘어나고 있다.

부추는 단백질, 지질, 회분, 섬유질, 카로틴, 비타민 B2, 비타민 C, 칼슘, 철 등의 영양소를 많이 함유하고 있는 녹색 채소이다. 부추에서 나는 독특한 냄새는 황화합물인 황화아릴이 주체로서 그 성분의 하나가 알리신인데, 이것이 비타민 B1의 흡수를 크게 도와준다. 일반 비타민 B1은 10mg 이하밖에 흡수되지 않지만, 부추에 들어있는 활성 비타민 B1은 수백 mg이나 흡수된다. 성분에서 보는 바와 같이 다른 파의 종류에 비하면 단백질, 지질, 당질, 회분 그리고 비타민 A가 월등히 많다.

(표 1-1) 파속 종류별 가식부 100g 식품 표준성분표 (농진청)

식품명	폐엽률 (%)	칼로리 (cal)	수분 (g)	단백질 (g)	지질 (g)	탄수화물		회분 (g)	무기질			
						당질 (g)	섬유 (g)		Ca (mg)	Na (mg)	인 (mg)	철 (mg)
파(근심)	15	26	91.8	1.5	0.1	5.4	0.7	0.5	50	6	51	1.0
파(엽)	15	23	92.5	1.6	0.2	4.1	0.9	0.7	65	–	63	2.0
양파	10	40	89.1	1.2	0.2	8.3	0.7	0.5	40	10	26	0.5
마늘	25	84	77.0	2.4	0.1	19.3	0.7	0.7	18	–	67	1.7
부추	**10**	**33**	**89.7**	**2.3**	**0.5**	**5.2**	**1.3**	**1.0**	**40**	**6**	**41**	**2.1**
쪽파	5	29	91.0	1.9	0.3	5.0	1.0	0.6	38	20	35	1.2

부추 잎에 들어있는 당질은 대부분이 포도당과 과당으로 구성되어있는 단당류로써 섭취되어서 흡수, 이용될 때까지 시간이 짧기 때문에 피로 회복에 매우 효과적이다. 파속의 식품은 '*Allium*(고약한 냄새라는 뜻의 켈트어)'이 의미하듯이 독특한 냄새가 있다. 부추의 냄새가 싫다는 사람도 적지 않지만 부추가 건강에 좋은 이유는 영양적 가치와 함께 냄새의 근원이 되는 유화(硫化)아릴이라는 휘발성분을 함유하고 있기 때문인데, 이 물질은 뛰어난 살균, 방부작용이 있다.

나. 효능

최근 미국 텍사스주 휴스턴에 있는 앤더슨병원과 종양연구소의 연구자들은 마늘, 양파 등에 들어있는 황화합물이 결장암을 억제한다는 사실을 발표했다. 또 일본의 과학자들은 식품 속에 함유되어 있는 황화합물이 과산화지질에 대하여 강력한 항산화물로서 작용한다고 지적했다. 그밖에도 부추의 독특한 냄새의 성분인 황화아릴은 몸에 흡수되면 자율신경을 자극하여 에너지 대사를 높인다. 즉 부추를 먹으면 몸이 따뜻해지는 것은 이 때문이다. 또 부추에는 비타민 A의 전구체인 β-카로틴이 풍부하게 들어 있는데, β-카로틴의 역할은 인체의 영양적인 측면에서 비타민 A로의 기능뿐만 아니라 항암효과가 크다는 사실이 입증된 바 있다. 뉴욕에 있는 알베르트 아인슈타인 의과대학의 생화학 교수인 세이프터 박사와 그의 동료들은 발암물질에 노출시킨 쥐에게 2~9주 동안 고단위의 β-카로틴을 주었다. 그 결과 종양의 발생과 성장이 억제되었다. 일반적으로 β-카로틴은 일찍 주어질수록 효과도 상승되었다. 하버드 의과대학과 미국식품의약국(FDA)의 공동연구에서는 자외선을 쬐인 실험동물이라도 β-카로틴의 다량 복용으로 피부암이 진전하지 않는다고 밝혔다. 원래의 비타민 A와는 다르게 β-카로틴은 항산화 물질로 밝혀졌다.

β-카로틴은 인체를 떠돌아다니며 파괴를 일삼는 위험한 과잉 산소분자를 소멸시킨다. 다시 말하면 세포를 보호하는 β-카로틴의 항산화 능력은 β-카로틴의 비타민A로의 전환과는 아무 상관이 없다. β-카로틴이 항산화 물질이라는 사실은 항산화 작용과 관련된 모든 생리학적 가능성을 포함하여 암에 대한 보호작용 이상으로 평가된다. 따라서 터프츠대학 노르만 크린스키 박사에 따르면 이러한 새로운 증거들은 실로 β-카로틴이 광범위한 면역학적 효과를 가지고 있음을 시사하는 것이다. 또 일본의 과학자들은 β-카로틴이 암의 손상에 대해 면역을 강화하는 면역감시 체계를 증대시킴으로써 바이러스성 암과 화학물질에 의한 암을 예방한다는 것을 알아냈다. 그 후 여러 가지 연구에서 항산화 물질인 β-카로틴이 함유된 식품은 예상대로 순환계를 보호했고 항염증성 물질로서 작용했을 뿐만 아니라 노화를 늦추기도 했다. 부추에는 비타민 B1, B2 및 C 등이 풍부하게 들어있는데 이것은 우리의 체내에 들어가면 비타민 B1의 공급효과가 증대되는 특성이 있다. 왜냐하면 비타민 C가 비타민 B1의 흡수를 증대시키는 데다 부추의 황화합물이 비타민 B1의 흡수 및 체내 이동을 도와주기 때문이다.

(표 1-2) 부추 종류별 가식부 100g 중 영양가 분석 (1991, 농진청)

식품명	에너지 (kcal)	수분 (%)	단백질 (g)	지질 (g)	탄수화물 (g)	회분 (g)	칼슘 (mg)	인 (mg)	철 (mg)
재래종(Native)	21	91.4	2.9	0.5	3.9	1.3	47	34	2.1
호부추(Chinese leek)	18	92.5	2.3	0.3	4.1	0.8	63	50	1.5
산부추(Wild leek)	29	86.2	3.5	0.1	8.8	1.4	14	82	0.3

나트륨 (mg)	칼륨 (mg)	비타민 A (I.U)	비타민 B_1 (mg)	비타민 (B_2mg)	니아신 (mg)	비타민 C (mg)	폐기율 (%)
5	446	3610	0.11	0.18	0.8	37	11
50	272	1622	0.09	0.07	0.7	15	16
15	225	3512	0.03	0.29	0.1	11	0

이와 같은 사실은 곡류를 주식으로 하고 있는 우리 식생활에서 보면 부추가 비타민 B1을 충분하게 공급해준다는 점에서 부추는 우리 식탁에서 매우 중요한 식품이라 할 수 있다. 그밖에도 부추에는 엽록소와 철분도 많이 들어 있으므로 빈혈에도 좋고, 특히 코피가 나기 쉬운 체질의 개선에도 효과가 있다. 한국 재래 부추의 맛을 아는 사람들은 모두가 도입 품종 '그린벨트'보다 우리 고유의 재래 품종이 월등히 향기가 좋고 맛도 더 좋은 것으로 인식하고 있다. 시설재배에서 자란 부추는 부추의 독특한 휘발성 방향성 화합물을 적게 생성하기 때문에 향기가 떨어진다. 이러한 결과는 후각 실험에서 얻어진 결과와 일치한다. 부추는 무기질이 풍부하며, 특히 칼슘과 철을 많이 함유하고 있다. 부추 및 근연종들은 당 성분을 상당히 많이 가지고 있는데, 잎의 약 3% 가 당 함량으로 이루어져 있으며 주로 프룩토스(Fructose), 수크로스(Sucrose), 글루코스(Glucose) 등 겨울에는 비닐하우스의 두께에 의해서도 영향을 받는다. 즉, 필름의 두께가 두꺼울수록 잎 표면의 빛 강도가 낮아져서 엽록소 함량과 당 함량이 낮아진다.

(표 1-3) 부추에서의 비타민 C 함량 (1998, 윤 등)

품종 및 계통명	비타민 C 함량(mg/100g. F. w)	
	노지재배	하우스재배
그린벨트	71.9	47.9
뉴벨트	51.2	47.4
칠곡재래	70.6	42.1
영덕재래	85.7	54.2
평균	69.9	47.9

부추는 다량의 비타민 C와 카로틴이라는 성분을 가지고 있는데 이들의 함량 또한
재배 조건에 따라 달라 온실 재배의 경우는 노지재배보다도 역시 이러한 성분이
조금 낮아지는 경향이 있다. 무기성분인 칼륨은 노지와 시설재배 시 차이가 없었
으나 칼슘과 마그네슘은 노지보다 시설재배 시 월등히 많았다.

(표 1-4) 부추에서의 당 및 무기성분 함량 (1996, 정 과 윤)

| 재래종 | 당함량 (%) | 무기성분(mg · g⁻¹ · Dw) | | | | | |
| | | K | | Ca | | Mg | |
		노지	시설	노지	시설	노지	시설
경산재래	3.86±0.43	65.10	56.36	3.54	4.73	1.21	3.48
감포재래	4.17±0.72	59.85	55.08	2.83	5.81	1.17	4.05
안동재래	2.64±0.25	64.68	56.39	3.16	4.77	1.19	3.78
문경재래	4.17±0.64	59.96	62.53	2.67	4.63	1.06	3.15
밀양재래	3.19±0.52	58.07	64.00	2.83	4.76	1.13	3.63

03

재배 및 유통현황

가. 재배현황

부추는 국민들이 선호하는 엽채류 채소로 생채, 김치, 보신요리 등 건강식품으로 다양하게 이용되어 그 수요가 날로 증가하고 있다. 또한 비닐이용 재배농법, 병해충방제 기술 및 방제약제의 발전 등으로 연화재배와 주년생산(周年生産)이 가능해 지고, 다른 채소에 비해 자금의 회전이 빠르고, 연중 재배할 수 있다는 이점이 있어 부추재배면적 증가의 큰 요인이 되고 있다.

우리나라 부추재배 면적은 2011년도 약 3,866ha로 2005년도보다 1.7배 증가되었다. 특히 전남 2,080ha(53.8%), 경기 577ha(14.9%), 경북 417ha(10.8%)로 전체재배 면적의 약 80%를 3개도에서 차지하고 있다. 200ha 이상 되는 주산지를 살펴보면 경기 지역은 양주, 양평, 남양주, 광주, 경북 지역은 포항, 경주, 울산, 경남지역은 김해, 밀양, 양산에서 집중 재배되고 있다. 부추의 집단 재배지 중 가장 오래된 재배단지는 포항지역이지만, 최근 수도권과 대도시 주변에서 재배면적이 급격히 증가되는 추세이며 그 중 전남지역의 부추재배 면적이 눈에 띄게 증가하였다.

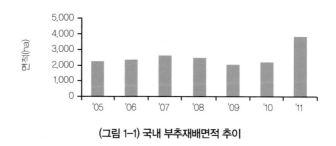

(그림 1-1) 국내 부추재배면적 추이

(표 1-5) 국내 부추재배 현황 (2011)

지역	계			노지		시설	
	면적 (ha)	생산량 (톤)	점유율 (%)	면적 (ha)	생산량 (톤)	면적 (ha)	생산량 (톤)
부산	27	613	0.7	17	391	10	222
대구	111	4,783	2.87	35	1,136	76	3,647
울산	187	8,051	4.84	70	2,556	117	5,495
경기	577	17,796	14.9	88	2,796	489	15,000
강원	30	718	0.8	17	431	13	287
충남	75	1,498	1.94	43	766	32	732
전북	26	1,065	0.7	13	579	13	486
전남	2,080	69,392	53.8	10	236	2,070	69,156
경북	417	11,752	10.8	72	1,583	345	10,169
경남	271	11,838	7.0	88	3,174	183	8,664
전국	3,866	129,417		472	13,945	3,394	115,472

나. 소득분석

부추의 10a당 소득은 적정 재배면적과 생산량에 따라 매년 편차가 심하게 나타
난다. 최근 4년간(1998~2001)의 10a당 생산량은 1998년 6,572kg에서 2001년도
에 5,341kg으로 감소하였다. 조수입은 같은 기간에 7,025.5천 원에서 5,322.9천
원으로 약 24.3% 감소하였고, 경영비는1,937.3천 원에서 1,516.8천 원으로 11.7%
많았다(표 1-6). 이것은 노동력 증가와 생산비 증가에 따른 것이며 이에 대한 대
책이 필요하다.

(표 1–6) 연도별 10a당 수량 및 소득 (농진청, 표준소득분석)

구분	수량 (kg/10a)	조수입 (천 원)	경영비 (천 원)	소득액 (천 원)	소득률 (%)
1998	6,572	7,025.5	1,937.3	5,088.1	72.4
1999	6,566	7,110.9	1,555.6	5,555.4	78.1
2000	6,531	6,700.8	1,357.2	5,343.6	79.7
2001	5,341	5,322.9	1,516.8	3,806.1	71.5

2001년도 10a당 수량이 5,341kg, 경영비 1,716.8천 원 소득은 3,806.1천 원으로 소득률이 71.5%으로 낮아졌다. 앞으로 소득향상을 위해서는 생력화재배와 지역별로 재배면적을 조절하여 생산량증가를 제한시켜 가격안정을 이뤄야하는 과제가 있다.

다. 유통

(1) 가격

부추 가격은 재배시기별로 큰 차이를 보이며, 특히 재배면적 증가에 따른 생산량 증가로 가격의 변동이 심하다. 최근 3년간 월별 가격동향을 조사한 결과 년중 6월에 가장 낮은 가격이 형성되는 것이 보이는데, 이것은 재배지역별 재배면적 증가로 집중 출하하는 시기라 볼 수 있다. 6월 이후에는 가격이 상승하여 12월에서 2월까지 가격이 2배 이상을 보이고 있다. 이때는 부추 휴면기간이며 겨울이기 때문에 난방비와 재료비 증가에 따라 재배를 기피하기 때문으로 볼 수 있다. 이러한 문제를 해결하고 부추가격을 적정수준으로 유지하여 농가 소득을 올리려면 새로운 품종육종과 재배법 개발이 이루어져야 한다고 본다. 또한 집중출하 시기에 수확된 부추를 한꺼번에 출하하는 것을 방지하기 위해서 공동으로 보관할 수 있는 저온저장고 설치를 작목반별로 추진하는 것이 바람직하다.

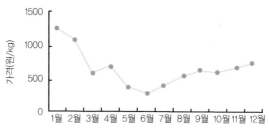

(그림 1-2) 월별 부추 평균가격 동향(199~2001, 가락도매시장)

라. 유통현황

(1) 출하 및 소비

경북 포항지역에서 생산되는 부추는 주로 무가온 시설재배로 10월 하순부터 이듬
해 4월까지 생산된 것으로 일일 생산된 물량을 공동 출하하는 유통체계를 갖추고
있으며, 기타 주산단지에서는 노지재배나 비가림재배 부추를 생산하여 일일농협
이나 도매시장에 작목반 위주로 유통을 하고 있는 실정이다.

포항지역의 예를 들면 9개 작목반에서 8,036 톤을 생산하여 10월 상순부터 5월
상순까지 출하를 하며, 일일 출하량은 평균 45톤(최고 90톤)을 전국으로 유통시
키고 있다. 출하규격은 350~500g/1단으로 짚 또는 종이 철사심끈으로 결속하
여 40, 50, 80단으로 재활용 박스 및 자체제작 박스 포장하여 화물트럭(5톤)으로
포항-경주-대구-서울(가락동, 청량리)로 출하를 한다. 화물운임은 1회 250,000
원이며, 적재량은 8톤(250박스)으로 수송비는 1단에 25원 정도 농가가 부담한다.
소비자는 1회 구입량이 일반가정에서 1~2단, 식당 5~10단 내외로 구입하며, 선
호하는 부추는 초장은 25~30cm, 잎의 넓이는 중간 정도(7mm)의 신선한 것을
선호한다.

(2) 판매경로

부추는 가락동 도매시장에서 위탁판매(경매제도 도입, 1995. 1)가 되며 경매된
부추의 판매경로는 다음과 같다.

마. 유통 시 문제점 및 대책

부추의 유통 시 문제점은 (표 1-7)과 같다.

(표 1-7) 부추 유통의 문제점과 대책

항목	문제점	대책
생산 및 수확	· 재배면적의 급격한 증가 － 과잉생산 유발 · 작업시간 과다 투여 및 － 노임 상승 및 노동력 부족 　(여, 15,000→25,000원/일) · 생산량 전량출하 － 가격폭락(10% 과잉 시→20~30% 가격 폭락) · 물량과다 위탁상 폐기처분 － 중매인, 경매사 애로 · 외부포장규격 다양, 품물 과다포장(80단) － 위탁판매 상품성 저하	· 소비추세에 맞게 면적조절 － 시세분석으로 결정 · 예냉시설 지원설치 － 설치여부 사전시험 － 수확기, 결속기 개발보급 · 가격 마지노선 생산자입장 결정 　출하조절(행정지도) · 하급품의 과감한 폐기 － 보상제 추진 · 표준출하 규격화(50단×400g=20kg) － 바이오 박스 사용고려
선별 및 포장	· 포장 디자인 및 외부표시 사항 다양 　(통일성 결여) · 소포장 방법 － 짚 　(미관상 나쁘고 상품성 저하) · 외부 포장끈 종류 다양 · 선별 등급화 미숙 － 상품질 저하원인 · 결속무게 다양(250~1200g)으로 신뢰성 　떨어짐. · 속베기로 인한 신뢰저하 및 재경매 　원인 제공 － 중매사, 경매사, 위탁상	· 신용판매 상품등록(특화) · 소포장 결속끈 대체 － 종이철심(도구작목반) · 외부 결속방법 개선 －비닐끈－접착테이프 · 등급화로 위탁 및 시장경매 　차이점 교육(양보다 질) · 소포장 균일화(400g/단) · 저급품 끼워 넣기 금지 · 선별등급화 및 출하자 구별 － 신용정착 · 자체검사 실시와 공동출하

chapter 2

형태적 · 생리적 특징

01 형태적 특징
02 생리적 특징

01

형태적 특징

가. 종자

종자를 형성하기 위하여 대부분의 작물은 중복수정, 즉 배형성을 위한 난세포·정세포의 수정과 배유형성을 위한 극핵·정세포의 수정과정을 거친다. 5∼7월(품종에 따라 다름)에 화아가 분화하여 8∼9월에 30㎝ 내외의 화경이 출현하여 개화, 결실한다. 종자는 양파와 같이 6개이고 흑색으로써 발아 연한은 1년이다. 개화 후 8일이 경과되면서 정상적인 종자를 형성된 것은 검은색으로 쭈글쭈글한 모양이며 배꼽부분은 잘 보이지 않는다. 방패모양을 한 다소 평편하나 자르면 반달모양을 하고 있다(그림 2-1). 종자의 수명은 1∼2년으로 비교적 짧다.

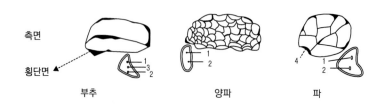

1: 배, 2: 내배유, 3, 4: 배꼽

(그림 2-1) 파속식물의 종자형태 비교(蔣, 1956)

(표 2-1) 부추 수집종의 종자 무게와 크기 (1991, 경북)

수집종명	종자무게 (g/1,000립)	종자크기(mm)		
		길이	폭	두께
칠곡재래1	3.59	2.74	2.30	1.16
칠곡재래2	4.26	2.70	1.92	1.04
영천재래1	4.14	2.76	2.02	1.20
청림부추	4.73	2.84	2.46	1.22
뉴벨트	4.02	2.92	2.30	1.00
그린벨트	3.95	2.88	2.22	1.08

나. 잎줄기

부추잎은 엽신과 엽초로 구성되며, 잎은 뿌리부분에서 돋아나는 근출엽이며 한포기에 5~10개의 잎이 분화하고 총생하며 약간 굽은 듯 곧게 자라며 납작한 편이다. 잎의 색과 크기는 품종에 따라 다르며 대체로 엽색은 진녹색 내지는 농녹색으로 잎의 폭은 3~10mm이고 길이는 30~40cm이다. 잎은 1/2엽서로 분화하여 엽초는 붉은 빛을 띠며 기부(基部)는 작은 인경(鱗莖)인데 동심원상으로 여러 겹의 엽편(葉片)에 쌓여있고 근경(根莖)에 연결되어 있다.

부추의 줄기는 뿌리에서 잎과 꽃줄기를 생장시키고 분얼을 일으키는 영양줄기와 꽃줄기로 구성된다. 1~2년생 부추의 줄기는 짧고 접시모양으로 평평하게 되어 있다. 그리고 새끼치기와 조약근(躁躍根)의 생장에 따라 영양줄기가 위로 올라오면서 뿌리 상태의 줄기를 형성하며, 꽃줄기는 생장점 정단에서 분화한 꽃눈이 자란 것으로 연한 것은 식용으로도 할 수 있다.

다. 꽃

부추의 꽃은 한여름에 꽃줄기가 추대되어 개화가 되고, 길이는 약 50cm로 직립하여 꽃줄기 정상에 20~40개의 작은 꽃이 산형화로 피며, 꽃잎은 흰색으로 개화시기는 8~9월이다. 꽃은 직경이 6~7mm이고 6개의 꽃잎과 6개의 수술이 있으며, 씨방은 3실이 있고 삭과(蒴果)를 착생한다. 꽃 하나에 6개의 검은 종자가 생긴다.

라. 뿌리

부추의 뿌리는 주근과 측근으로 명확하게 구분되지 않고 수염뿌리로 발달되는데, 수염뿌리는 표층토 20~30cm 범위에서 주로 분포하고 양분 저장력이 높다. 뿌리는 인경기부에 착생하고 새끼치기를 계속하여 새로운 포기를 형성하고 이들 포기는 늙은 포기의 줄기 위에서 자라게 된다. 새로운 포기의 줄기 위를 향하여 자라며 뿌리를 발생시키므로 조약근이며, 뿌리는 한 포기에 10~15개가 발달된다. 수명은 1~2년이 23.6주 분얼, 발생 엽 수는 약 150.5엽이 생기고, 실생묘는 본엽 6매 이후부터 분얼 시작하여 2차, 3차 분얼이 계속된다.

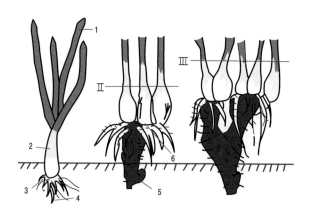

Ⅰ : 정식 시 땅표면, Ⅱ : 제 1차년도 복토층, Ⅲ : 제2년차 복토층 / 1 : 엽신, 2 : 엽초,
3 : 인경, 4 : 뿌리(수염뿌리), 5 : 뿌리줄기, 6 : 분얼(곁가지치기)

(그림 2-2) 부추뿌리의 근부발달과정(張, 1992)

02

생리적 특징

가. 번식(가지치기)

부추의 번식은 포기나누기로 가능하나 주로 종자번식을 하며, 봄부터 가을에 걸쳐 생장하나 한여름에는 고온으로 일시적인 쇠퇴를 한다. 주년재배로 3~4년 재배가 가능하며, 혹한기를 제외한 연중재배가 가능하다. 부추는 파류 중에서도 분얼력이 강하여 생육기에는 분얼력이 왕성해져 분얼에 의해 주수가 증가하므로 종자를 파종하는 것보다 주로 분주에 의하여 증식한다. 부추의 분얼력은 봄에 파종한 대엽종은 7월 중순부터 시작하여 가을까지 한 개체 평균 23.6주를 가지치기하며 발생엽수는 약 50.5엽이 생긴다. 즉 실생묘는 본엽 6매 이후부터 분얼이 시작되며 그 후 2차, 3차 분얼이 계속된다.

나. 휴면

부추는 내서성이 강하여 봄부터 가을까지 생육을 계속하다가 단일과 저온 조건인 10월 하순이후에 휴면에 들어간다. 휴면유발은 가을 단일에 의해 유기되는 내적 휴면종, 휴면이 없는 종 그리고 재래종같이 16시간 장일에서 신장을 계속하고, 14시간 이하 시 12월 하순부터 휴면을 하고, 가을부터 겨울 동안에 저온에 의한 생육정지로 외적 휴면종이 있다. 휴면타파는 장일처리가 유효하며 품종에 따라서 휴면 깊이는 다른데 그린벨트종은 10월 하순에 휴면을 시작하여 11월 하순경에 휴면이 가장 깊고, 1월 중하순경에 휴면타파를 한다.

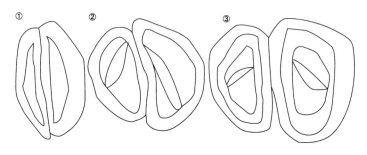

1. 왼쪽은 분얼된 것, 오른쪽은 모주
2. 수평방향이 분얼발생전의 모주의 엽서 방향

(그림 2-3) 분얼과 모주의 엽서방향의 전이과정(八鍬, 1961)

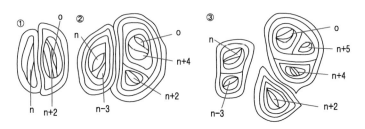

o : 모주, n : 최초의 분얼, n+1 또는 그 이상의 숫자 : 분얼 수

(그림 2-4) 분얼증가에 따른 포기의 배열방식(八鍬. 1961)

가을철에 그린벨트와 일본재래종에 일장을 16시간, 14시간, 12시간, 10시간, 8시간씩으로 처리한 결과 그린벨트는 신장이 완전히 정지하지 않고 단일에서도 휴면이 일어나지 않았으나, 재래종은 16시간에서는 계속 자라지만 14시간 이하에서는 생장이 정지하고 일제히 휴면에 들어갔다. 몽고 및 대엽품종은 10월 상순에 휴면에 들어가 11월 하순~12월 상순에 가장 깊어지고 1월경에는 끝난다. 겨울철 하우스 연화재배 등 부추의 작형을 결정할 때 품종간의 휴면특성은 중요하다.

부추의 초장은, 보온개시구는 지상부가 있는 상태로 보온을 실시하여도 생육이 정지되며 일장처리구는 보온 후에도 계속해서 생장한다. 자연 일장구에서는 보온 시기가 늦을수록 휴면각성의 정도가 깊어져 생육이 촉진되며 장일 처리구는 보온 시기에 관계없이 맹아(萌芽)출현시기 및 생육정도가 비슷하였다. 엽초장은 보온 구는 맹아(萌芽)가 나오면서 급속한 신장을 보이며, 장일처리구에서 유리온실에 반입하기 전에 비하여 엽수의 증가가 거의 없고, 엽수 분화의 분얼 수는 장일 처리 에 의해 억제되는 경향이다. 장일하에서 보온기간 동안 추대 개화 수는 지상부를 그대로 반입한 구는 물론 지상부가 고사한 것을 보온한 구에서도 맹아가 나온 뒤 추대를 한 개체가 있고, 11월 하순이후에는 추대하는 개체가 현저하게 줄게된다.

다. 화아분화

부추는 고온, 장일하에서 6월 상,중순부터 화아분화를 일으켜 7~8월에 30cm 이 상의 화경이 추대하여 개화되며, 추대는 부추의 포기를 소모시켜 잎의 신장이나 잎폭의 확장을 억제시켜 수량을 감소하게 한다. 종자채종을 하지 않을 경우 수시 로 꽃대를 제거시킨다.

(1) 화아분화와 추대개화

(가) 일장(日長)과의 관계
부추의 화아분화는 고온과 장일에 의하여 이루어지는데 장일이 크게 관여한다. 자연일장(15~15시간 30분)과 16시간 일장처리에서는 50일 후에 추대를 시작 70 일에 추대율이 100%에 달했으나, 16시간 일장에서 추대가 늦은 것은 8시간 자연 광 + 8시간은 인공광이었기 때문이었다. 14시간 일장처리에서는 약 40일 늦게 추 대가 시작되었고 추대율은 40% 정도였으며, 12시간구, 10시간 처리구에서는 160 일이 경과해도 추대가 보이지 않아 일장과 밀접한 관계를 보였다. 노지부추에서 장일처리를 8월 10일부터 100w전구를 달아 일몰 30분전부터 16시간 광조건이 되 게 하고, 자연일장(무처리)조건에서 초장과 엽장을 큰 차이가 없었으나 장일 처리 구에서 10월 30일까지 생육이 연장되었다. 추대 개화 효과로 자연일장 처리구에 서 10월 15일 이후 추대 개화하는 개체가 없었으나 장일 처리구에서는 9월 1일 이

후 추대 개화가 계속되어 10월 말까지 계속되었다. 이는 고온에 의해 분화된 화아가 계속 장일에 의해 발육이 촉진되어 추대되는 것으로 생각된다. 일장은 장일성 식물로 고온, 장일하에서 추대개화한다.

부추는 적당한 온도조건과 적당한 광도에서 일조량이 많을수록 탄수화물의 축적과 향기성분의 함량이 높아져 품질의 향상을 가져온다. 그러나 부추는 앞에서 언급했듯이 흙, 왕겨, 톱밥 등으로 묻어 엽초 부분을 연백시키는 것이 재배의 한 형태로 되어 있을 정도로 잎과 엽초가 부드러운 것이 품질 면에서 매우 중요하다. 중국 북경지역에서는 이와 같이 여러 가지 환경조건을 부여하여 흰색, 황색, 녹색 등 부추가 여러 색이 있다.

(표 2-2) 일장처리가 부추생육 및 추대개화에 미치는 영향 (서울대)

구분	일장조건	처리일자(40주 평균 조사치)					
		8/15	9/1	9/15	10/1	10/15	10/30
초장(cm)	자연일장	34.5	34.9	35.7	36.5	34.9	–
	장일처리 (100w, 16시간)	32.8	34.9	36.2	36.7	37.2	35.3
엽장(cm)	자연일장	27.4	28.5	28.8	28.1	28.3	–
	장일처리 (100w, 16시간)	27.0	29.3	29.5	29.6	29.8	28.1
엽초장(cm)	자연일장	6.5	6.2	6.6	6.4	6.4	–
	장일처리 (100w, 16시간)	6.3	5.9	6.6	7.0	7.6	7.6
엽 수(개)	자연일장	20.7	26.3	26.2	27.0	27.6	–
	장일처리 (100w, 16시간)	21.0	22.4	24.7	29.1	32.8	30.9
경 수(개)	자연일장	3.5	4.1	4.1	4.5	4.5	–
	장일처리 (100w, 16시간)	3.2	3.5	3.9	4.0	4.3	4.5
꽃 수(개)	자연일장	–	10	12	13	13	–
	장일처리 (100w, 16시간)	9	3	9	11	48	76

(나) 품종간의 관계

품종간의 화아분화는 그린벨트, 대엽, 재래종 등 보통품종과 화뢰전용인 덴타볼에 큰 차이가 있었는데, 보통품종에서는 품종 간에 차이는 있지만 자연조건하에서 5~6월경에 화아분화가 일어나 7~9월에 추대 결실하게 된다. 화아분화가 매우 빠른 품종은 대만부추이고, 비교적 빠른 품종은 일본재래종이며, 중간인 품종은 대엽부추, 만주부추였다. 그리고 화아분화가 늦은 품종은 그린벨트종이었다. 덴타볼 품종은 월동전에 화아분화를 시작하여 3월경에는 5~6mm가되고 5월경에 추대가 되며 그 후에도 계속된다.

chapter 3

품종 및 재배환경

01 품종육종
02 품종별 특성
03 알맞은 재배환경

품종육종

가. 부추의 생식 양상

(1) 단위생식(單爲生殖)이란?

단위생식이란 식물체가 종자를 맺는 과정에서 수술에서 만들어진 꽃가루가 암술로 수정되는 꽃가루받이 없이 어미 식물체와 유전적으로 동일한 종자를 만드는 것을 말한다. 즉 암술이 만들어지는 과정에서 일반 식물에서와는 다른 과정을 거치기 때문에 꽃가루받이 없이 종자 형성이 가능하게 된다. 난세포와 인접한 조세포가 어떤 자극에 의해 배로 발생하는 경우가 있는데 이것을 배우자가 아닌 것이 배가된다고 해서 무배생식이라고 부르고 있다. 그리고 드문 경우이기는 하나 어떤 원인으로 난핵이 붕괴되는 바람에 난세포 안에 들어간 정핵이 난핵을 대신해서 핵분열, 배 발생을 하게 되는 경우가 있는데 이러한 현상을 동정생식이라고 부르고 있다. 이런 처녀생식, 무배생식, 동정생식에서는 감수분열을 거쳐 생겨난 반수성의 난세포, 조세포, 정핵 등이 수정 없이 단독으로 배로 발달하고 정상적인 종자를 형성한다고 해서 단위생식 또는 무수정생식(Apomixis)이라고 부르고 있다. 단위생식으로 인해 생겨난 종자의 유전자형이 모본의 것과 동일하게 되는데, 이 것은 감수분열을 생략해서 생긴 2n성 난세포가 수정 없이 직접 배발생을 하거나 아니면 주심조직 체세포 유래의 2n성 난세포 또는 주심 체세포가 직접 배발생을 하기 때문인데, 모본과 유전적으로 똑같은 종자가 형성된다는 점에서 최근 관심의 대상이 되기도 한다. 오늘날 무수정생식(Apomixis)이라 하면 모본 식물과 동일한 유전자 조성의 종자를 만드는 이런 2n성 세포의 단위생식을 말하는데 좁은 의미의 단위생식이라고 할 수 있다. 종자 형성은 완벽하고 세대의 진전이 이루어지기 때문에 옛날에는 이런 단위생식을 '순환성 무수정생식(Recurrent Apomixis)'이라고 불렀으며, 그 대신 n성 난세포에 의한 단위생식은 반수체가 불임이 되므로 세대의 진전이 이루어지지 않기 때문에 '비순환성 무수정생식(Non-recurrent Apomixis)'이라고 했다.

앞에서 모본과 유전자형이 똑같은 종자를 만드는 좁은 의미의 단위생식 양식을 옛날에는 '순환성 무수정생식'이라고 설명했는데, 요즘은 이것을 일반 단위생식과 구별하기 위해 무정생식(Agamospermy : 배와 씨가 무성적으로 생기는 무수정생식의 한 형태)이라는 새로운 용어를 쓰고 있다. 감수분열을 생략해서 생긴 2n성 무수정생식이라고 해도 좋을 것 같다. 무정생식의 단위생식은 모본과 유전자형이 같은 것을 종자로서 생산할 수 있어 육종 분야에서는 F1개체에 이 특성을 부여, 고정된 F1종자를 만들어 보자는 생각을 갖게 되었다.

(2) 무수정생식의 3가지 유형

고등식물에서 발생하는 무정생식의 유형은 크게 3가지로 나눌 수 있다. 복상포자생식(Diplospory), 무포자생식(Apospory), 부정배 형성(Adventitious embryony)이다. 이 세 가지 유형에 대해 좀 더 자세히 설명하면 다음과 같다.

(가) 복상포자생식(Diplospory)

복상포자생식(Diplospory)은 배주 주심 표피 내의 포원세포가 분화되고, 이 세포는 곧 대포자모세포로 발달하고 정상적으로 분화되지만 감수분열을 처음부터 아예 생략하거나 또는 감수분열 과정이 진행되다가 도중에 변형이 발생하여 2n성의 난세포로부터 핵상이 2n성인 배낭을 형성하는 경우로 다시 나눌 수 있다. 이렇게 형성된 난세포는 수정 없이 배발생을 해서 모체의 유전자형과 똑같은 종자를 형성하게 된다. 복상포자생식에서는 난세포가 수정 없이 배발생을 할 뿐 아니라 극핵도 수정 없이 단독 자동 배유 형성을 한다. 이런 관계로 이 현상에서는 수분이 불필요하다는 이야기가 된다. 이러한 복상포자생식은 다른 무수정생식 양상 중에서 관찰하기가 가장 어려운 현상으로 알려져 있는데 왜냐하면 이러한 생식양상은 일반적인 유성생식과 가장 흡사한 생식양상을 보이기 때문이다.

(나) 무포자생식(Apospory)

식물의 종류에 따라서는 대포자모세포가 감수분열, n성의 대포자를 만들고 이것이 n성의 배낭을 만들지만, 이와는 별도로 같은 주심조직의 체세포(2n)가 대포자화 되면서 2n성의 배낭을 만드는 경우가 있다. 배낭 및 난세포도 2n성이고, 이 난세포는 수정 없이 배발생을 한다. 정통의 대포자가 아닌 체세포에서 생긴다 해서 무포자생(Apospory)이라고 한다. 간혹 정상적인 n성의 배낭이 발생하고 이때 정상적인 n성의 난세포는 수정에 의해 배발생을 하는 경우도 있어 결국 하나의 배주 내에 두 개의 배가 발생할 수도 있다. 이때 정상적인 n성의 난세포에서 유래된 배는 수정에 의해 형성되었기 때문에 배의 핵상은 2n이 되지만 유전자형은 모본의 것과 다르다. 그러나 무포자생식에 의해 발생한 배는 체세포 유래의 2n 난세포에서 직접 배발생을 했기 때문에 유전자형은 모본과 동일하다. 그런데 이 무포자생식에서 아주 특이한 현상은 배주 내에 생긴 두 개의 배낭 중 정상적인 n성의 배낭은 조기에 쇠퇴, 붕괴되는 경우가 많으며 결국 무포자생식에 의해 발생한 배만 생존하여 종자를 형성한다는 것이다. 무포자생식에서는 같은 주심 안에 n성의 정상적인 배낭과 체세포 유래의 2n성 배낭이 공존하다가 정상 배낭이 쇠퇴, 소멸하는데 이것을 설명하는데 있어 n성 배낭은 감수분열이라는 큰일을 치르고 생긴 대신 체세포 유래의 2n성 배낭은 이것을 생략, 쉽게 배낭을 만들었기 때문에 유리하고, n성 배낭은 기운이 쇠진하여 소멸된다고 말하지만 이것은 합리적인 설명이 되지는 못할 것으로 생각된다. 그것보다는 이런 현상을 가진 식물은 대부분이 잡종 식물인 것으로 보아 정상적인 대포자에서 기능이 있는 정상 배낭, 즉 수정 능력이 있는 난세포가 생기기 힘들어 소실된다고 생각하는 것이 바람직 할 것으로 생각된다. 이런 무포자생식은 앞에서 설명한 복상포자생식에 비해 비교적 세포학적 관찰이 쉬운 것으로 알려져 있다. 그 특징을 살펴보면 앞에서 설명한 바와 같이 하나의 배주에 두 개 이상의 배낭이 생기는 경우가 많으며, 또는 하나의 배낭이 생성되더라도 정상적인 8개의 핵이 생기는 것이 아니라 반족세포가 일반적으로 부족한 즉 5개 이하의 세포로 배낭이 구성되는 경우가 그 특징이라고 볼 수 있다.

(다) 부정배 형성(Adventitious embryony)

감수분열이 정상적으로 이루어지고 정상의 n성 배낭, 정상의 n성 난세포가 생기고 수정에 의해 배발생을 하지만, 감귤류, 선인장과 같이 주심 또는 주피조직의 체세포들이 체세포 분열을 거듭하고, 이 세포들이 배낭 안으로 침투해 들어가서 모두 배를 만든다. 이런 관계로 종자에는 난세포의 수정에 의한 정상배 이외에 여러 개의 체세포 유래의 부정배를 반드시 가지고 있는데, 한 종자 안에 41개의 배가 발견되었다는 기록도 있다.

주심조직의 체세포라고 하지만 아무 세포나 다 배를 만드는 것은 아니다. 배낭에 접해 있는 주심조직, 배유 쪽에 가까운 주심, 주피 조직의 체세포들이 특히 부정배를 잘 만든다. 그리고 이 세포들은 분열을 해서 반드시 배낭 안으로 들어가서 비로소 배로 분화된다. 배낭 밖에서 부정배를 만드는 경우는 없다. 식물체에서 새싹이 돋아나는데 두 가지 길이 있는데 부정아와 부정배이다. 전자는 식물체 모든 부위에서 생길 수 있지만 후자는 배주에서만 생기고 그것도 반드시 배낭 안에 있는 세포에서만 생긴다. 이런 부정배 형성은 감귤류에서는 예로부터 널리 알려져 있고 근래에서 종자 안의 부정배이기 때문에 무병 식물체이면서 모본 식물과 똑같은 식물체를 형성할 수 있기 때문에 우수한 품종이지만 바이러스로 인해 전멸 위기에 놓인 품종을 갱신하는데 이 부정배 형성의 생식양상이 많이 이용되고 있다.

(3) 2n성 단위생식을 이용한 식물 육종

감수분열에서는 유전자의 복원에 의한 다양한 생식 세포, 불균등 교차, 복구핵, 또는 염색체의 수나 구조적 이상 등에 의한 다양한 생식 세포가 생기고 이들의 수정에 의해 엄청난 변이 집단이 만들어져 생물 진화의 소재가 된다. 현행의 식물 F1 육종에서는 자가 불화 합성, 웅성불임 현상에 의존하고 있지만 이 특성에 관한 유전 구명 및 이러한 특성을 보이는 계통을 유지하고 이를 이용한 F1 종자생산을 해야 하는 등 복잡한 절차 및 이러한 현상을 이해하고 극복해야 할 난제가 적지 않다. 그러나 단위생식의 특성을 농작물에 끌어 들여 우수한 F1 식물체를 만들 수만 있다면 이것을 그냥 증식만 시키면 된다. 양친 계통의 유지나 증식도 필요 없고 품종 오염의 우려도, 또는 격리의 필요도 없어 채종이 아주 간편하다. 따라서 재배 농가에서는 매년 F1 종자를 사다 심을 필요도 없고 벼, 밀, 콩 같이 F1에서 자가채종을 해서 다음해의 종자로 쓸 수가 있다.

종자를 목적으로 하는 농작물은 완전한 2배체 식물 아니면 이질 배수체 식물이다. 이런 식물들은 감수분열을 할 때 완벽한 2가 염색체를 만들기 때문에 웅성 및 자성의 생식세포는 완전한 게놈을 구성, 수정 능력이 완벽해져 유성생식에 의한 종자 형성이 잘 된다. 이런 2배체나 이질 배수체 농작물에는 단위생식 현상이 없다. 농작물이 단위생식의 특성을 갖게 하려면 첫째, 근연 야생의 단위생식성 배수체나 잡종 식물과 원연교잡을 하는 길, 둘째, 돌연변이를 유기시켜 단위생식 특성을 가진 개체를 선발해 내는 길, 셋째, 유전공학적 기술로서 이러한 무수정생식의 특성을 보이는 식물체에서 이와 관련된 유전자를 분리하여 이를 이용하는 길 등이 있을 수 있다.

(4) 한국 재래 부추류의 생식양상

부추는 앞에서 이야기한 바와 같이 동질사배체로서 염색체 수는 2n=32이다. 부추는 백합과 알리움(*Allium*)속에 속하는 작물로 영양번식 및 종자로 번식이 가능한 작물이다. 알리움속 작물에서 최초로 무수정생식이 보고된 것은 1950년과 1953년 염색체 수가 2n=40과 42인 소련부추(*A. nutans* L.)와 염색체 수가 일반적인 부추와 동일한 2n=32인 재배부추(*A. odorum* L.)에서 하칸순(Hakansoon)과 레벤(Leven)에 의해 밝혀지게 되었다.

그 후 1982년에 고힐(gohil)과 칼루(Kaul)에 의해 인도에 자생하고 있는 부추(*A. tuberosum* R.)에 대해 그 생식양상이 밝혀지면서 앞에서 설명한 무수정생식의 종류 중에서 복상포자생식(Diplospory)이 발생된다는 처음으로 밝혀지게 되었다. 이 후 일본에서 1988년 코지마(Kojima) 등에 의해 일본에서 품종으로 만들어 낸 '그린벨트'를 비롯한 대만 등지에서 수집한 부추를 대상으로 무수정생식 가능성을 발견하고 본격적인 연구에 착수하여 1992년 복상포자생식(Diplospory)과 단위생식(Parthenogenesis)을 하는 것이 밝혀졌다. 일반적으로 단위생식이 발생하면 그것으로 완전한 종자를 형성하는 것으로 알려지고 있다. 그러나 부추에서는 2n성의 단위생식이 발생하였음에도 불구하고 수분이 이루어지지 않을 경우 2n

성의 배에 영양분 공급이 이루어지지 않아 정상적인 종자를 형성하지 못하고 퇴화하며, 꽃가루에 의한 수분이 되어야만 꽃가루의 영양핵과 배낭의 극핵이 수정하여 배젖을 만들고 종자 발육이 정상적으로 되는 위수정(Pseudogamy)을 한다고 밝혀져 있다.

하지만 우리나라에서는 부추의 이러한 복잡한 생식양상에 대해 지금까지 연구가 되어 오고 있지 않으며, 이로 인해 재래종 부추를 이용한 육종은 지금까지 어떤 연구기관에서도 수행되어 오지 않았었다. 부추와 같은 무수정생식을 하는 식물에서 육종을 하기 위해서는 반드시 수정 양상에 대한 완전한 이해가 선행되어야 가능한 것으로 알려져 있다. 따라서 지금까지 매년 막대한 양의 부추종자들이 일본에서 도입되고 있는 실정이므로 우리나라의 고유한 재래종을 이용하여 새로운 부추 품종을 만들기 위한 시도가 4년 전부터 밀양의 영남농업시험장에서 연구되고 있다. 이 연구 과정에서 밝혀진 우리나라 재래종 부추의 생식양상에 대해 설명하고자 한다.

(가) 복상포자생식(Diplospory)

영남농업시험장에서 보유하고 있는 한국 재래 부추를 중심으로 생식양상을 관찰하였다. 염색체 수가 2n=32인 일반적인 재래 부추를 포함하여 염색체 수가 역시 2n=32인 소련부추(A. nutans L.), 염색체 수가 2n=16인 좀부추(A. senescens var. minor, 잎의 형상이 솔잎과 흡사하다 하여 '솔잎부추'라고도 불리고 있음), 염색체 수가 2n=48인 파부추(A. senescens L.)를 대상으로 먼저 배낭모세포의 감수분열 이상을 관찰하였다. 일반적인 재래종 부추에서는 염색체 수가 만약 정상적인 감수분열을 하고 있다면 동질 4배체이므로 8개의 염색체가 관찰되어야 하나 염색체 수가 32개가 관찰됨으로써 앞에서 설명한 것과 같이 무수정생식의 종류 중에서 감수분열의 이상으로 인해 발생하는 복상포자생식(Diplospory)이 발생하는 것을 관찰할 수 있었다.

한편, 염색체 수가 2n=32인 소련부추와 2n=16인 좀부추(솔잎부추)에서는 배낭모세포의 수가 감수분열 과정에서 반으로 감소하는 정상적인 생식양상을 나타내는 것을 관찰할 수 있었다. 그러나 한국 야생종인 염색체 수 2n=48의 파부추에서는 일반적인 한국 재래종 부추와 마찬가지로 염색체 수가 감소하지 않은 상태로 관찰됨으로서 감수분열 과정에 이상이 발생하는 것으로 관찰되었다. 이러한 감수분열 과정에서 이상이 발생하는 비율은 일본의 코지마 등이 1992년 礦개 품종에서 76% 이상 발생'하는 것으로 발표하였으며 특히 그린벨트에서는 86% 이상이 발생하는 것으로 보고한 바 있다. 따라서 배낭모세포의 감수분열 이상으로 인해 일반적인 재래종 부추와 파부추는 2n성의 배낭을 형성하게 된다.

(나) 단위생식(Parthenogenesis)

그린벨트를 포함한 한국 재래종 부추 16종을 대상으로 모본과 동일한 유전자형을 가진 2n성의 배가 발생하는 확률에 대해 실험한 결과는 (표 3-1)과 같다. 수정 없이 2n성 난세포로부터 2n성의 배가 발생할 확률은 그린벨트에서는 90.6%가 나타났으며, 우리나라 재래종 중에서 가장 비율이 높은 것은 96.0%로 나타났으며 비율이 가장 낮은 것은 조사된 17종 중에서 80.0%로 나타났다. 즉 이것은 모본과 똑같은 유전자형을 가진 종자가 형성될 비율과 같은 의미를 가진다고 보면 될 것이다. 부추와 같이 100% 모본과 똑같은 유전자형을 가진 개체가 발생하지 않고, n성의 난세포와 2n성의 난세포가 동일한 식물체에서 발생하며, 이것이 역시 n성 및 2n성의 배로 발생하는 무수정생식을 우발적 무수정생식 식물이라고 한다. 이것은 바로 n성의 난세포 및 배가 발생할 수 있는 비율만큼 육종이 가능하다는 것과 의미가 통한다고 생각하면 된다.

(표 3-1) 그린벨트 및 한국 재래종 부추의 단위생식률 (1998, 영시)

품종 및 계통명	단위생식률(%)
그린벨트	90.6
참피온 그린벨트	90.0
밀양단장 재래	90.0
밀양재래	88.0
경산재래	85.7
영양재래	86.0
영주재래	90.0
청송재래	86.0
한국재래	96.0
문경재래	80.0
청송진보재래	86.0
합천재래	88.0
봉화봉성재래	86.0
울진재래	88.0
좀부추(솔잎부추)	0.0
소련부추	0.0
파부추	85.0

이러한 생식양상을 보이는 작물들에 있어서는 비교적 2n성의 난세포 및 배가 발생할 확률이 높은 것이 좋다. 부추의 경우는 대부분이 적어도 80.0% 이상의 확률을 보인다. 따라서 F1 식물체만 만들어 낸다면 이러한 형질이 계속 후대에도 발현되어 모본과 동일한 유전자형을 가진 식물체를 2n성의 발생 비율만큼 얻을 수 있다.

(다) 위수정 배발생(Pseudogamy)
우리나라 재래종 및 일부 야생종(파부추)에서도 무수정생식(복상포자생식 및 단위생식)이 발생한다는 것을 알 수 있었다. 그러나 재래종 부추 및 파부추의 화기에서 수술을 제거하고 난 후 다른 화기의 수술이 이미 수술이 제거된 꽃에 근접하지 못하도록 밀봉하여 방치한 결과 수분이 이루어지지 않아도 2n성의 배가 이미 발생하였음에도 불구하고 정상적인 종자를 형성하지 못하였다. 초기에는 마치 정상적인 종자가 형성되는 것처럼 보였지만 수술을 제거하고 난 후 8일경부터 종자는 쇠퇴하여 정상적인 종자를 전혀 얻지 못하였다.

따라서 부추 꽃이 개화하는 날 수술을 제거하고 2일이 경과한 날에 인위적으로 수분을 실시한 결과 정상적으로 배유 세포가 형성되고 이로 인해 정상적인 종자를 형성하는 것을 알 수 있었다. 이미 2n성의 난세포로부터 발달한 2n성의 배가 이미 발생한 상태에서 두 개의 극핵과 수분되면서 하나의 화분에서 방출된 두 개의 정핵 중 하나는 이미 2n성의 배가 발생한 관계로 수정되지 못했다. 나머지 하나는 두 개의 극핵과 수정이 이루어지기 위해 2n성 배낭의 극핵이 있는 부분까지 이동하여 수정이 이루어지기 바로 전의 모습이며, 이러한 과정을 거쳐 두 개의 극핵과 하나의 정핵이 수정이 이루어지면 배유 세포가 생성되고 이것이 이미 형성된 2n성 배에 영양분을 공급함으로서 정상적인 종자를 형성하였다. 따라서 우리나라 재래종 부추 및 야생종 파부추에서도 이미 보고된 바와 같은 동일한 무수정생식을 하였다.

우리나라 재래종 부추에서 발생하는 생식양상을 간략하게 종합해 보면 우선 포원세포에서 유래한 배낭모세포가 감수분열하는 과정에서 비정상적인 과정을 거침으로서 n성의 난세포가 생성되지 않고 2n성의 난세포가 형성되며 이렇게 형성된 2n성의 난세포는 역시 2n성의 배낭 및 배를 수정 없이 자발적으로 형성한다. 하지만 대부분의 무수정생식 식물들은 여기까지의 과정을 거침으로서 모본과 똑같은 유전자형을 가진 종자를 형성하지만 부추의 경우는 이미 모본과 똑같은 유전자형을 가진 종자가 형성되기 위해서는 인위적이든 자연적이든 수분이 이루어져야만 하는 다른 무수정생식 식물보다 좀 더 복잡한 생식양상을 거치게 된다.

(5) 부추의 채종방법

현재 대부분의 농가에서 부추종자를 구입해서 사용하고 있으며 구입 종자의 대부분은 수입 품종이 차지하고 있다. 따라서 종자 구입을 위해 해마다 70억 원 정도가 소요되고 있다. 이러한 현상은 부추종자 채종포를 따로 두고 있지 않은 재배농가의 현실 때문이기도 하지만 많은 농가에서는 부추종자의 자가채종이 가능한지 여부를 모르기 때문이기도 하다. 부추는 앞에서 설명한 바와 같이 무수정생식에 의해 종자를 맺기 때문에 종자를 자가채종을 하여도 종자의 특성이 변하지 않는다. 따라서 자가채종이 가능하며 자가채종에 의해 종자 구입에 필요한 많은 비용을 절감할 수 있다. 부추종자 채종방법은 크게 두 가지로 구분할 수 있다. 첫째는 시설 또는 노지재배 포장의 일부를 채종포로 이용하는 것이고 둘째는 따로 채종 포장을 만드는 것이다.

부추 재배 시 일부분의 잎은 그 상품성이 낮은 경우가 많다. 예를 들어 시설재배 포장에 있는 맨 바깥쪽 1~2줄은 겨울철 저온기에 안쪽에 비해 온도가 낮아 상품성이 낮으므로 이를 채종하는 것이 가능하며 이 경우 바깥쪽 2줄의 채종으로 다음에 동일 면적의 하우스에 파종할 종자의 채종이 가능하다. 채종포를 따로 조성할 경우에는 줄뿌림보다는 점뿌림 또는 육묘 이식을 하는 것이 효율적이다. 재식 밀도나 관리 정도에 따라 차이는 있으나 3년차 포장의 경우 골 간격 30cm 포기 간격 10cm의 재식밀도에서 300평당 채종량은 60kg(120리터) 정도 가능하다. 따라서 5000평을 재배하는 농가에서 5년 주기로 파종하고 300평당 20리터를 파종할 경우 소요되는 채종포 면적은 약 200평이면 충분하다.

나. 부추 신품종 육종 방법

(1) 교배 방법

부추의 화기 구조를 살펴보면 하나의 꽃에 6개의 수술과 6개의 꽃잎으로 이루어져 있으며 암술이 하나, 그리고 자방이 3개로 구성되어 있고 하나의 자방 안에는 2개의 배주로 구성되어 있어 한 개의 꽃에 총 6개의 배주가 있다. 즉 정상적으로 종자를 형성할 경우 한 개의 꽃에서 6개의 종자를 형성해야 하는 것이다. 또한 부추는 웅예선숙 작물이다. 즉 한 개의 꽃에서 개화할 때 수술부터 먼저 성숙이 이루어지고 나중에 암술이 성숙하는 작물인 것이다. 따라서 무엇보다도 암술이 언제 성숙하는 가가 부추 교배에 있어 중요한 요인이 된다.

(표 3-2)에서 보는 바와 같이 그린벨트를 포함한 재래종 부추들이 대부분 개화 후 2일이나 3일 경에 암술 길이가 최대에 도달하는 것을 확인할 수 있었고 암술의 정단부에서 수술을 받아들이는 주두의 민감성도 역시 이 시기에 가장 민감한 것으로 나타났다.

따라서 수술을 제거하고 난 후 2일이 인공교배를 위한 가장 적절한 시기라고 생각되었다. 그리고 날짜가 경과할수록 종자형성률은 낮아지는 경향을 보였는데 이것은 암술의 퇴화가 날짜가 경과할수록 진행되기 때문에 종자형성률이 낮아지는 것으로 생각된다.

(표 3-2) 개화 후 일수에 따른 암술 길이의 변화 (1997, 영시)

품종 및 계통명	개화당일 (mm)	1일 (mm)	2일 (mm)	3일 (mm)	4일 (mm)	5일 (mm)
그린벨트	1.2	1.2	3.2	4.1	4.1	4.1
밀양재래	1.3	3.6	4.1	4.1	4.0	3.2
영주재래	0.9	2.8	3.8	3.8	3.5	3.5
문경재래	1.1	2.1	4.1	4.1	3.9	3.9
청송재래	0.8	2.7	3.5	3.6	3.2	3.1
경산재래	1.1	3.7	4.2	4.2	4.2	3.7
영일재래	1.2	3.5	4.1	4.1	4.0	3.5
울진재래	1.1	2.1	3.6	3.8	3.8	3.8

부추 신품종 육성을 위한 조합별 종자 형성률은 (표 3-3)에 나타내었다. 조합에 따라 차이가 있었으나 5.0%에서 18.9%의 종자가 형성되는 것을 알 수 있었다. 또한 부추 꽃이 개화하는 날 수술을 제거하고 난 후 일수가 경과함에 따라 인공교배를 실시한 경우 수술을 제거하고 난 후 2일이 경과하였을 때 인공교배를 실시할 때가 가장 종자 형성이 잘되는 것으로 나타났다(표 3-4). 그리고 부추는 6개의 배주로 구성되어 있기 때문에 정상적으로 종자를 형성할 경우 6개의 종자를 형성해야 하지만 자연적인 조건에서뿐만 아니라 인위적으로 교배를 실시할 경우도 (표 3-5)에서 보는 바와 같이 6개의 배주 중에서 1개의 종자가 형성되는 것이 가장 많았다. 그리고 6개의 배주 중에서 3개의 종자가 형성될 확률은 26.0%로 어느 정도 종자가 형성되는 것으로 나타났으나 4개 이상 종자가 형성될 확률은 극히 낮았으며 6개의 종자가 형성될 확률은 없었다.

(표 3-3) 조합별 인공교배 후 종자 형성율 (1997, 영시)

교배 조합	전체 제웅 수 (개)	종자형성 자방률(%)	종자형성 수 (개)	종자형성률 (%)
그린벨트×문경재래	13	15.4	5	6.4
한국재래II×봉화재래	14	35.7	8	9.5
한국재래II×울진재래	15	53.3	17	18.9
일본종×영양재래	15	46.7	15	16.7
한국재래×일본종	10	20.0	3	5.0

(표 3-4) 수술을 제거하고 난 후 일수경과에 따른 종자형성율 (1997, 영시)

제웅 후 일수	전체 제웅 수 (개)	종자형성 자방률(%)	종자형성 수 (개)	종자형성률 (%)
2일 후	93	49.0	98	17.6
3일 후	419	39.1	338	13.4
4일 후	66	34.9	46	11.6

따라서 지금까지의 부추 신품종 육성을 위한 인공교배 방법 확립의 최적의 조건을 살펴보면 부추 꽃이 개화하는 날 수술을 제거하고 난 후 이로부터 2일이 경과한 후에 인위적인 수분을 시키는 것이 가장 양호하였으며 이때 종자가 형성될 확률은 하나의 꽃에서 3개 이하의 종자가 형성되는 것이 가장 높은 것으로 나타났다.

(표 3-5) 인공교배 후 한 개의 자방에서 형성되는 종자수 비교 (1997, 영시)

종자를 형성한 총 자방 수	종자형성 수 / 자방 내 전체 종자 수					
	1/6	2/6	3/6	4/6	5/6	6/6
235	85	69	61	20	1	–
100(%)	36.2	29.4	26.0	8.5	0.4	–

(2) 교배종 확인

부추의 신품종 육성을 위한 인공교배 방법 조건에 따라 인공교배를 실시하면 인위적으로 교배된 종자를 얻을 수는 있다. 하지만 부추는 형태적인 특성으로는 일본에서 도입되고 있는 종자, 특히 그린벨트나 우리나라 재래종을 육안으로 교배 유무를 확인하기란 굉장히 어려운 실정이다. 특히 부추와 같은 특이한 생식양상을 보이는 작물들에 대한 교배 유무의 확인 방법은 1980년대 후반부터 분자생물학적 방법을 이용하여 교배 유무를 확인하는 방법이 도입되기 시작하였다. 즉 부본과 모본의 유전자를 채취하여 교배된 종자에서 자라난 식물체에서 부본의 유전자가 있는 가를 확인하는 방법이다. 왜냐하면 앞에서 설명한 바와 같이 부추는 모본과 똑같은 유전자를 가질 확률이 적어도 80% 이상이 되기 때문에 이러한 방법을 이용해야 했다. 물론 형태적으로 차이가 나는 부본과 모본을 사용하여 교배 유무를 확인한다면 이러한 분자생물학적 방법을 이용하지 않아도 될 것이다.

(표 3–6) RAPD를 이용한 부추의 교잡율 (1998, 영시)

모본	부본	유전자형		무수정생식율 (%)	F₁ 생성율 (%)
		모본	교배종		
한국재래 I	밀양단장재래	60	5	92.3	7.7
〃	그린벨트	80	5	94.1	5.9
〃	영양재래	36	2	94.4	5.6
중국수집종	그린벨트	48	3	94.1	5.9
일본수집종	밀양재래	26	2	92.9	7.1
〃	밀양단장재래	17	2	89.5	10.5
〃	그린벨트	57	6	90.5	9.5
한국재래 II	참피온그린벨트	44	6	88.0	12.0
밀양재래	합천재래	46	4	92.0	8.0

부추와 같은 무수정생식을 하는 식물은 모본과 똑같은 유전자형이 발생할 비율을 평가하는데 두 가지 방법이 있을 수 있다. 첫째는 앞에서 설명한 바와 같이 세포학적으로 관찰하여 2n성의 종자가 생성될 확률을 평가하는 것이고 그리고 나머지 하나는 인위적인 교배를 실시한 후 이 과정에서 발생할 수 있는 모본과 똑같은 유전자형을 가진 후대 식물체를 평가하는 방법이다. 이 두 가지 방법 중에서 좀더 확실한 방법은 후자이다. 왜냐하면 부추와 같은 생식양상을 보이는 식물은 초기에 2n성의 난세포 및 배가 형성되었더라도 환경적인 요인에 의해 발생 비율이 많이 영향을 받을 수 있기 때문이다. 그래서 인공교배를 실시한 후 분자생물학적

방법을 이용하여 교배 유무를 확인하는 것이 실질적인 생식양상을 평가하는 방법이 되는 것이다. 분자생물학적 방법을 이용한 F1 식물체의 확인 방법은 여러 방법이 있을 수 있는데 그 몇 가지 예를 들어보면 다음과 같다. RFLP방법, In Situ방법, 동위효소분석법, RAPD방법 등이 있을 수 있다.

기존에 일본에서 수행한 부추의 교배 유무 확인 실험에서는 동위효소분석법을 이용하여 확인하였으나 우리나라에서는 RAPD방법을 이용하여 교배 유무를 확인하였다. (표 3-6)에서 보는 바와 같이 9개의 교배 조합을 대상으로 실험을 실시한 결과 모본과 똑같은 유전자형을 가진 후대가 생성될 확률이 88.0% 이상인 것으로 밝혀졌다. 이러한 분자생물학적 방법을 이용하여 실질적인 교잡을 실시하고 여기에서 발생한 후대를 대상으로 교배된 식물체를 확인한 결과 세포학적 방법에 의한 모본과 똑같은 유전자형을 가진 2n성의 식물체가 발생할 확률보다 오히려 높아지는 경향을 보였다.

이것은 자연 상태에서 자연적인 수분에 의해 혼종될 우려가 12.0% 미만이라는 것을 의미하기도 하는 것이다. 또한 88.0% 이상이 모본과 똑같은 유전자형을 가진 후대를 생산하게 됨으로서 자가채종에 의한 형태적 특성의 변이가 발생되지 않을까 하는 걱정이 없어도 무방하다는 것과 의미가 통한다고 볼 수 있다. 반대의 개념으로 부추의 신품종 육성을 위해서는 최대한 12.0%의 교배종자가 형성되고 낮은 비율을 보이는 것들은 이보다 훨씬 낮은 비율로 교배된 F1 종자가 형성되어 그만큼 육종이 어렵다는 이야기가 된다.

(3) 교배종의 생식양상 관찰

위의 실험 결과를 토대로 낮은 F1 생성률을 확인할 수 있었다. 하지만 만약 이렇게 어렵게 교배된 F1 종자가 모본과 동일한 무수정생식 양상을 나타낸다면 보통 작물에서 하나의 품종을 개발하기 위해 보통 소요되는 기간보다 훨씬 짧은 시간 안에 품종을 개발할 수 있다. 따라서 위의 실험을 통해 획득된 F1 식물체를 대상으로 생식양상을 다시 관찰하였다. F1 식물체 10개체를 대상으로 생식양상을 관찰한 결과 86.1%에서 97.4%의 단위생식이 발생하였다. 즉 모본과 똑같은 유전자형을 가진 식물체가 다음에도 계속해서 이 비율만큼 만들어진다는 것이다. 따라서 부추는 인공교배를 통해 교배 종자를 얻고 여기에서 다시 F1 식물체를 확인하는 과정까지가 다른 작물들에 비해 까다로운 반면 육종기간을 훨씬 더 단축시킬 수 있다는 장점을 가지고 있다.

(4) 부추 육종의 전망

부추는 현재 많은 양의 종자가 일본에서 도입되고 있으며 그 양은 막대하다. 하지만 앞에서 이야기 한 바와 같이 우리나라 재래종 부추들이 아직 농촌의 작은 텃밭에서 꾸준히 재배되고 있으므로 이를 이용 육종하여 우리나라에서 개발한 품종이 나온다면 상당량의 종자 수입대체 효과가 있을 것으로 기대된다. 하지만 앞에서 설명한 바와 같이 부추의 육종은 그렇게 쉬운 문제가 아니며 앞으로 해결해 나가야 할 문제도 많은 것이 사실이다. 그러나 부추와 같은 특이한 생식양상을 보이는 식물은 많지 않으며 이러한 생식양상은 앞으로 부추에서 뿐만 아니라 모든 작물에서 이용될 전망이다. 따라서 부추 육종의 한 면만 볼 것이 아니고 이를 이용한 작물에의 이용 적인 면을 고려해 본다면 부추의 육종은 꼭 필요한 것이라고 생각되며 특히 부추의 생식양상에 대한 연구는 계속 되어야 할 것으로 생각된다. 지금까지 우리나라 재래종 부추에 대한 육종의 연구결과는 미흡하다고 볼 수 있으나 단지 재래종 부추의 생식양상에 대한 특이적인 면을 면밀하게 검토함으로서 일단 부추종자의 자가채종 문제는 해결할 수 있을 것으로 기대된다. 그리고 부추의 새로운 품종 육성을 위해서도 연구는 계속되어야 할 것으로 생각한다.

02

품종별 특성

가. 국내종

부추 품종을 그 유형별로 구분하면 크게 엽폭의 대소, 초장의 장단, 분얼 수의 많고 적음, 직립과 반직립의 초형 그리고 휴면의 고저 등으로 나눌 수 있다. 이들 특성들은 서로 상관관계가 있어 좋은 장점들을 모두 지닌 품종은 없는 실정이다. 일반적으로 부추 품종의 초형은 다음과 같이 엽폭에 따라 3종류로 분류할 수 있다. 첫째는 넓은 엽폭, 긴 초장, 적은 분얼 수, 직립 초형, 강한 생육을 하는 품종. 둘째는 중간정도 엽폭, 반직립 초형, 많은 분얼 수를 가지는 품종. 그리고 셋째는 좁은 엽폭, 직립 초형, 매우 많은 분얼 수를 가지는 품종을 가진다.

(표 3-7) 경북지역 재래부추의 생육과 개화특성 (1992)

수집종	초장 (cm)	엽폭 (cm)	분얼 수 (개)	엽 수 (매)	주당 수량 (g/주)	추대 (월. 일)	개화 (월. 일)	화경장 (cm)	하고현상
경산	22.0	5.0	19.0	4.2	112.0	6. 22	6. 28	49.4	경
밀양	28.2	6.8	21.4	6.0	179.0	8. 14	8. 22	48.7	심
예천	24.0	6.8	23.0	4.4	134.0	7. 19	7. 28	47.2	경
영양	17.2	5.8	19.6	5.6	123.0	7. 24	7. 30	42.5	심
청송	30.2	7.0	17.4	5.8	123.4	8. 4	8. 12	54.4	경
문경	28.0	6.2	20.0	4.2	136.0	7. 18	7. 24	50.2	경
영일	32.0	7.4	17.4	4.6	156.0	7. 15	7. 22	51.9	중
영덕	30.4	7.6	23.8	5.8	203.0	7. 15	7. 22	69.8	중
영천	29.6	6.8	30.2	4.4	183.0	6. 22	7. 2	50.9	경
청도	31.8	7.0	12.6	6.0	122.0	9. 6	8. 16	57.8	중
안동	31.9	6.4	23.4	4.2	197.0	7. 2	7. 10	59.4	경
영주	26.6	5.8	20.6	4.0	189.4	6. 30	7. 9	71.3	중

* 수량 : 4월 1일~7월 30일하고(잎마름)현상 : 경: 잎선단으로부터 1~2cm 중 : 3~4cm심 : 5cm 이상이 말라 들어간 것을 나타냄

엽폭에 따라 일반적으로 위와 같은 특성을 가지고 있으나 반드시 그런 것은 아니며 휴면이나 개화기는 위 분류에 관계가 없는 것 같다. 초형에 따라 재배 상의 장단점 또한 서로 상이하다. 엽폭이 넓어 생육이 강한 품종의 경우 겨울철 시설재배 시 생육이 강하기 때문에 상대적으로 엽폭이 좁은 품종에 비해 병에 강한 특성을 보여 주지만 그 잎이 너무 넓어 상품성에 문제가 될 수 있으며 엽폭이 좁은 경우에는 상품성이 적합하지만 예취 횟수가 늘어날수록 엽폭이 좁아지므로 생육이 그리 강하지 못해 병에 약해 질 수 있다. 현재 국내에서 재배되고 있는 품종은 수입품종인 그린벨트, 슈퍼그린벨트, 뉴벨트, 차이나벨트 등과 국내 재래종을 품종으로 등록한 칠곡부추, 동장군, 대구재래, 청림부추 등이 있다. 그리고 최근 농촌진흥청영남농업시험장에서 재래종의 교잡종에서 선발된 YA10-9, YA12-7 그리고 YA17-32를 식물체 특허출원을 한 품종이다.

(표 3-8) 주요 수집 품종의 특성 (1998, 영시)

품종명	초장 (cm)	엽폭 (mm)	분얼 수 (개)	개화기 (월.일)	초형	휴면
그린벨트	37.7	5.8	14.6	8. 15	반직립	저
슈퍼그린벨트	38.8	6.3	11.6	8. 2	직립	저
칠곡부추	40.0	5.9	11.6	7. 3	직립	고
동장군	37.5	5.1	15.6	8. 14	반직립	저

· **칠곡부추** : 칠곡부추는 경상북도 농업기술원에서 칠곡재래종을 선발하여 등록한 품종으로 그린벨트에 비해 엽폭이 매우 넓은 것이 특성이다. 휴면이 높기 때문에 시설재배에는 적합하지 않다.

· **YA10-9** : 이 품종은 안동재래종에 그린벨트를 교배하여 선발한 품종으로 엽폭과 초장이 그린벨트에 비해 길고 분얼 수가 많아 수량이 많다. 휴면이 낮아 시설재배에도 적합하며 초형이 직립으로 수확 작업이 쉬운 장점이 있다.

(표 3-9) 교잡 육성 품종의 특성 (1997, 영시)

품종명	초장 (cm)	엽폭 (mm)	분얼 수 (개)	개화기 (월. 일)	초형	휴면
그린벨트	31.8	6.9	4.4	8. 15	반직립	저
YA10-9	35.4	7.4	5.0	7. 15	직립	저
YA12-7	28.0	4.9	11.1	8. 5	직립	중
YA17-32	36.7	5.5	8.0	8. 14	직립	고

· **YA12-7** : 안동재래종과 밀양 재래종을 교배하여 선발한 품종으로 엽폭은 그린벨트에 비해 좁지만 분얼이 많아 수량이 많으며 초형이 직립으로 수확 작업이 쉽다. 휴면은 중간 정도로 시설재배 시 이듬해 2월부터 수확이 가능하다.

· **YA17-32** : 밀양재래종과 그린벨트를 교배하여 선발품종으로 그린벨트에 비해 엽폭은 좁은 편이나 생육속도가 빨라 초장이 길고 분얼 수 또한 많아 다수성 품종이다. 휴면이 강하여 노지재배에 적합한 품종이며 특히 이른 봄 재생기에 엽색이 진하고 넓이가 적합한 고품질의 상품성을 갖는 것이 특징이다.

· 재배종 부추와 같은 알리움(*Allium*)속 식물 중 부추와 비슷한 특성을 지닌 종으로는 솔부추(*Allium senescens* var. minor), 파부추(*A. senescens*) 그리고 소련부추(*A. nutans*) 등이 있다.

· **솔부추:** 솔부추는 영양부추, 좀부추 또는 솔잎부추로 불리며 경기도 등지에서 재배되고 있다. 부추에 비해 엽폭이 매우 좁고, 잎은 꼬여 있어 부추와 구별된다. 종자를 맺는 생식양상은 부추와 달리 유성생식에 의해 종자를 맺지만 결실률이 매우 낮아 종자에 의한 번식이 어렵다. 따라서 분주에 의한 영양번식에 의해 증식을 주로 하고 있어 재배를 어렵게 하는 점이 되고 있다.

(표 3-10) 부추 근연종의 특성 (1997, 영시)

종명	초장 (cm)	엽폭 (mm)	초형	개화기 (월.일)	학명
솔부추	15.7	2.6	반직립	6.14	*Allium senescens* var. minor
파부추 (두메부추)	27.5	8.7	반직립	5. 1	*A. senescens*
소련부추	23.6	13.4	반직립	6. 8	*A. nutans*

· **파부추:** 파부추는 파 맛이 더해진 맛을 낸다. 초형은 부추와 비슷하나 엽폭은 넓은 편이며, 솔부추와 같이 잎이 꼬여 있어 부추와 구별된다. 파부추는 부추에 비해 저온에서 비교적 잘 자라는 편이다. 개화기는 5월 1일로 부추에 비해 2달 이상 빠르다. 분주에 의한 영양번식과 더불어 종자에 의한 번식이 가능하다.

나. 국외종

(1) 일본종

· 그린벨트: 일본에서 소화 32년 무사시노 종묘장에서 개발된 품종으로 최근 시장 기호에 맞추어 엽폭, 엽 두께, 향기 등을 개량한 품종이다. 분얼이 왕성하고 저온, 고온하의 어느 쪽에서도 생육이 좋으며 내병성이 강하여 통상 안전성이 높은 최고의 수량을 올린다. 특히 장점은 재배기간 중에 하우스재배에서 맹아가 빨라

수량이 많고, 파종은 3월 하순~4월 하순, 하우스피복시기 10월 하순~11월이다.

· 빅그린 TS(참피온 그린벨트): 향기와 감미가 있고 맛이 좋으며 시장성이 높아 대호평, 내한, 내서성이 강하고 회전이 빨라 7회 정도 수확 가능하다.

· 뉴벨트: 농녹색의 광폭종(0.9~1.2cm)으로 백반병이 없어 촉성, 보온재배에서도 황화하는 일이 없는 우량종으로 분화력이 왕성하고 휴면이 얕아서 11월 중순부터 촉성재배가 된다. 이른 봄(2월하순)의 터널육묘, 3월의 노지파종을 하며, 6월에 30×cm 6~7포기의 비율로 정식을 한다. 엽폭이 소비자 기호에 적합하고 휴면이 낮기 때문에 시설과 더불어 노지에도 많이 재배되는 품종이다.

· 대엽부추: 엽폭이 특히 넓은 부추로서 잎은 밝은 녹색이며 부드럽고 맛과 향, 품질이 우수하며 시장 인기가 높다. 초세가 강하고 저온과 고온에 강하므로 재배하기 쉽고 주년용으로 가능하다.

· 광폭부추: 엽 색은 진하고 엽폭은 1cm로 엽육이 두꺼우며 부드럽다. 생육이 왕성하고 재생력이 강하며, 수확을 거듭할 때 엽폭 줄어듦과 하엽 마름이 적고 재배하기가 극히 쉽다. 또한 내서, 내한성이 강하고 휴면도 얕아 주년재배에 알맞다. 추대개화기는 재래종보다 조금 늦고 짧다.

· 킹벨트 부추(꽃부추 겸용): 엽폭이 매우 넓고 두터우며 섬유가 적어 맛이 좋고 엽색은 농녹으로 광택이 있으며 시장성이 높다. 휴면이 매우 얕고 재래종에 비해 특히 내한성이 강하며 겨울철의 수확에 이르는 기간이 짧아 수량이 많다. 더위에 약간 약하고 추대가 약간 빠르지만 화대가 많고 굵어서 꽃부추로서도 매우 좋다.

· 와이드 그린부추: 초자는 입성이고 엽색은 선녹색으로 엽폭이 1.5cm 정도로 넓으며 엽초가 길어 결속작업이 능률적이다. 동계의 휴면이 길어 맹아개시는 그린벨트보다 느리지만 맹아 후의 생육속도는 6~7일 정도 빠르다. 추대는 그린벨트보다 20일 정도 빠르지만 꽃줄기가 굵고 길어서 꽃부추로 수확해도 품질이 매우 좋다(꽃부추 수확기 : 보통재배 7월, 터널재배는 6월 중순~7월 중순).

· 슈퍼 그린벨트: 그린벨트에서 전별 개량된 품종으로 엽폭이 넓고, A품률이 높고, 초자는 입성으로 수확능률이 높다. 엽폭은 그린벨트보다 넓고 1회째 수확 시 1.0-1.2cm 3회째 수확 시에도 0.9cm 정도로 엽폭 고름이 양호하여 A품률이 극히 높다. 엽색은 선농녹색으로 수확횟수를 반복해도 엽색이 얕아지지 않으며, 향이 강하고 상품성이 높아 시장성이 극히 높다. 휴면이 별로 없어 주년 재배되는 품종으로, 추대기는 8월 상순~8월 중순이다.

(2) 중국종

· 태백근 : 엽편의 넓이가 0.6~0.7cm, 엽초는 녹백색으로 거칠고 엽육은 두터우며, 내한성과 내서성이 강하고 수량은 많으나 분얼력이 약하다.

· 철사묘 : 원산지는 하북성, 엽편은 좁고 기부는 자홍색을 띠며 직경은 가늘고 엽초는 비교적 단단하며 밀식에 적합하며 분얼이 많고 생장이 빠르다.

· 구두부추 : 원산지는 하남성, 잎은 광엽으로 두터우며 넓이는 0.8~1.3cm이며, 엽초는 굵고 연한 녹색이며 맛은 담백하다.

· 한중겨울부추 : 원산지는 섬서성이며, 분얼이 강하고 품질이 우수하며 넓이는 0.5cm로 섬유질이 적은 편이다. 내한성이 강하고 이른 봄에 싹이 나온다.

· 대황묘 : 원산지는 천진지방이며 잎은 담녹색이고 넓이는 1cm 정도로 생산성이 높고 품질이 우수하며 다습 및 침수에는 매우 약하다.

· 한청 : 원산지는 남경이며, 엽편은 길고 엽육은 두텁다. 엽초는 길고 엽육은 두터우며 기부는 약간의 홍색을 띤다. 내한성이 매우 강하여 남경지방에서도 월동할 수 있어 복토하지 않아도 되며 향미가 매우 짙은 편이며 품질 또한 우수한 편이다.

· 설부추 : 원산지는 절강성, 엽편은 두텁고 강하여 겨울재배에 적합하다.

· 황격자 : 원산지는 호북성, 잎은 황록색이고 엽편은 넓은 편이며 화경은 길다. 내한성에 강하며 더위에는 약하므로 겨울철 재배에 알맞다.

· 서포부추 : 원산지는 사천성, 엽편은 넓고 엽육은 두터우며 내한성이 좋고 품질이 우수하며 생산량이 많다.

· 소련부추 : 부추에 비해 엽폭이 넓고 잎은 꼬여 있다. 파부추와 비슷한 초형을 가졌으나 엽폭이 더 넓고 초장은 더 짧은 편이다. 여름철 고온기에 하고 현상이 다소 있어 재배에는 적합하지 않다.

03
알맞은 재배환경

가. 토양

부추재배 적합한 지형은 평탄지에서 곡간지로 경사도는 7% 이하가 좋으며, 토질은 특별히 가리지 않으나 지력이 좋고 배수 양호한 양토 또는 사양토로 토심이 깊고 배수가 양호한 곳이 좋다.

(표 3-11) 노지부추 재배지의 토양물리성 (2000, 농진청)

지형	경사도	토성	토심	배수성
평탄지~곡간지	〈 7%	사양토~양토	〉100cm	양호~약간 양호

부추를 재배하고자 하는 적당한 토양이화학적 특성으로 pH는 6.0~6.5의 중성토양에서 가장 생육이 왕성하다. 사질양토로서 유기물함량이 2.5~ 3.5%가 되어야 하며, 인산함량은 400~500 정도가 알맞다. 또한 칼리함량은 0.7~0.8, 칼슘은 5.0~6.0, 마그네슘은 1.5~2.0이 알맞은 토양이다. 양이온치환용량은 10~15가 적당하며 EC는 2.0 이하가 적당한 토양이다. 산성토양일 경우 부추는 특히 산성에 약하므로 석회시용에 의한 토양산도 교정이 필요하다.

(표 3-12) 부추 재배지의 토양 이화학적 특성 (2000, 농진청)

pH (1:5)	OM (%)	Av.P$_2$O$_5$ (mg/kg)	Ex.(cmol$^+$/kg)			CEC (cmol$^+$/kg)	EC (dS/m)
			K	Ca	Mg		
6.0 ~ 6.5	2.5 ~ 3.5	400 ~ 500	0.70 ~ 0.80	5.0 ~ 6.0	1.5 ~ 2.0	10 ~ 15	2 이하

(표 3-13) 노지부추 재배시기별 토양 이화학적 특성 변화 (1999, 충북)

재배시기	pH (1:5)	EC (ds/m)	P$_2$O$_5$	NH$_4$-N	NO$_3^-$	Ex.cation(cmol+/kg)		
			(mg/kg)			K	Ca	Mg
5월	5.6	1.3	1110.0	19.8	61.2	2.1	5.8	2.0
6월	5.7	1.6	1049.0	17.0	100.3	3.3	8.5	2.1
7월	5.3	1.5	1059.3	18.5	110.8	2.8	14.6	2.7
8월	5.8	1.7	409.5	16.1	144.1	4.7	6.5	4.7

충북 옥천 부추재배지의 토양을 노지재배 시기인 5월부터 8월까지 토양을 채취하여 토양의 이화학적 특성 변화를 조사한 결과 pH와 EC는 8월에 가장 높았고, 인산(P$_2$O$_5$)함량이 5월 1110.0으로 매우 높았으나 장마가 끝난 8월에는 409.5로 급감되고 암모늄(NH$_4^-$N)함량도 줄어든 반면에 질산(NO$_3^-$)은 5월에 61.2에서 8월에 144.1로 급증하는 현상을 보였다. 또한 칼리나 마그네슘함량은 5월보다 8월에 높았으나, 칼슘은 7월에 가장 높았다. 따라서 재배시기 중 강우에 의한 이화학적 특성은 재배지보다 무재배지에서 pH와 EC등 모든 이화학적 성분이 기준함량보다 많았다.

(표 3-14) 부추 주산지역 토양의 이화학적 특성 (1992, 경북)

지역	포장별	조사점수	pH (1:5)	OM (%)	P₂O₅ (ppm)	치완성염기(me/100g)				EC (me/㎠)
						K	Ca	Mg	Na	
포항	재배	5	6.7	2.9	938	1.18	8.44	2.13	0.01	0.83
	무재배	3	6.0	1.1	669	0.73	3.91	0.54	0.01	0.42
칠곡	비가림	3	5.8	2.0	965	1.20	5.64	1.25	0.01	1.24
	노지재배	3	5.5	1.6	825	0.97	4.12	0.93	0.01	1.14
	무재배	2	5.7	2.0	589	0.76	5.30	1.09	0.01	0.78
평균	재배	11	6.0	2.2	909	1.12	6.07	1.44	0.01	1.07
	무재배	5	5.9	1.6	629	0.75	4.61	0.82	0.01	0.30

나. 온도

부추종자의 발아온도는 20℃ 전후이며, 10℃ 이하에서는 발아가 되지 않고, 25℃ 이상 시 발아일수가 짧아지나 발아율이 낮다. 생육적온은 18~20℃로 비교적 서늘한 기후를 좋아한다. 5℃ 이하에서는 생육이 정지되고, 25℃ 이상에서는 잎의 신장은 왕성하나 잎이 가늘고, 생육 부진으로 섬유질이 많고 발생 엽 수도 적다. 추위와 더위에 극히 강하여 30℃까지 생육이 되고, 영하 6~10℃에서 지상부의 잎은 죽으나 땅 속의 뿌리줄기는 영하 40℃에서도 견딘다. 30℃ 이상에서는 생육이 완만하고 그 이상이 되면 잎 끝이 꾸부러지면서 잎이 황백색으로 타게 된다. 분얼 온도는 16~23℃에서 왕성하며, 고온에서 자란 잎은 섬유질이 많고 질기며 생장이 불량한 관계로 품질이 좋지 않다. 그러나 시설재배에서는 28~30℃의 고온 및 다습, 약광에서도 품질에 영향이 없다. 자연상태에서는 이른 봄에 싹이 터서 가을까지 자라는데 여름에는 개화 결실하고 겨울에는 지상부가 말라죽고 휴면에 들어간다. 부추 잎은 온도의 영향에 따라 생장량이 급격히 증가되는데 15~20℃ 조건에서 가장 왕성하게 신장이 된다. 노지재배에서는 봄에 새잎이 생기는데 4~5일이 소요되며 하루에 2cm 정도 자란다.

(표 3-15) 온도별 부추잎 생장 비교 (1968, 일본)

일수＼온도	5℃	10℃	15℃	20℃	25℃	무처리
5일	0.5cm	2.1	4.7	11.3	12.9	10.7
7일	0.9	3.3	7.9	14.1	15.5	12.8
10일	1.7	5.2	13.3	16.2	―	16.3

다. 광도

부추재배지의 광의 조건은 적용범위가 2,400~40,000Lux에서 재배가능하며 너무 강한 광선에서는 섬유질이 많아지고 향기가 적어져서 품질이 떨어진다. 약한 광에서는 탄수화물 축적과 향기가 적어지게 되어 세력이 나빠지고 수량이 줄어들게 되므로 너무 많은 차광은 좋지 않다. 시설재배지의 경우 차광 하에서 연화재배가 가능하며, 높은 수량을 위해서는 적당한 광선이 필수적이다. 일장은 장일성 식물로 고온, 장일 하에서 추대 개화한다. 부추는 적당한 온도조건과 적당한 광도에서 일조량이 많을수록 탄수화물의 축적과 향기성분의 함량이 높아져 품질의 향상을 가져온다. 그러나 부추는 앞에서 언급했듯이 흙, 왕겨, 톱밥 등으로 묻어 엽초 부분을 연백시키는 것이 재배의 한 형태로 되어 있을 정도로 잎과 엽초가 부드러운 것이 품질 면에서 매우 중요하다.

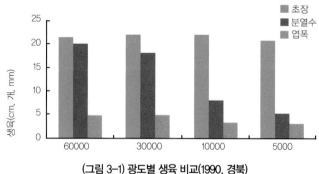

(그림 3-1) 광도별 생육 비교(1990, 경북)

라. 수분

부추재배지의 수분조건은 충분한 양의 수분을 요구하며, 부족 시 섬유질이 많아진다. 건조와 한발에 매우 약하며 적정 토양수분함량은 80~90% 이다. 부추는 양분과 수분의 흡수력이 매우 강하므로 건조에 매우 민감하다. 토양습도는 80% 전후로 토양수분이 많아야 생장도 원활하고 잎이 부드러워진다. 건조하면 상대적으로 생장이 둔화하고 섬유질이 많아진다. 장마기에는 배수를 철저히 하여야 하고 침수와 과습은 식물체를 썩어버리게 한다.

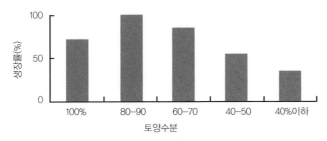

(그림 3-2) 토양수분별 생장률 비교(1993, 충북)

chapter 4

안전재배기술

01 재배작형

02 노지재배

03 시설재배기술

01

재배작형

부추의 작형은 크게 노지재배, 시설재배로 나뉜다. 노지재배는 이식재배와 직파재배로 나뉘며, 4월부터 10월까지 수확이 가능하지만 대체적으로 수확시기는 4~6월에 봄베기, 7~8월의 여름베기, 9~10월의 가을베기로 나뉘며 보통 4~5회 수확을 한다. 봄·가을수확은 생육적온기이므로 품질도 좋고 수량도 많으나, 여름수확은 고온 추대기이므로 품질이 떨어지고 수확 후 식물체가 쇠약해진다. 그러므로 여름수확은 폐기 전의 식물체를 이용하면 좋고 이 시기의 품질 향상 대책은 수확기에 비가림이나 예냉고를 이용하여 정식을 하면 추대를 회피하여 1년 묘를 이용하면 된다.

(그림 4-1) 노지 주년 재배력

| 월 | 1 | 2 | 3 | 4 | 5 | 6 | 7 | 8 | 9 | 10 | 11 | 12 |

이식재배
○○○·············●━━━━━━△△△■
봄파종　육묘기간　정식 근주양성기간　1차수확　휴면
△△△△△△△△△△△△△△△△△△
휴면기간　병해충방제, 추비, 포장관리, 2년차 수확기간

직파재배
○○○━━━━━━△△△■━━━━━━
봄파종　근주양성기간　1차수확　휴면
○○○━━━━
가을파종 근주양성 및 휴면
△△△△△△△△△△△△△△△△△■
휴면기간　병해충방제, 추비, 포장관리, 수확기간

* 포장관리 : 추비, 관수, 배토, 꽃대제거, 병해충방제

(그림 4-2) 시설하우스 재배력

| 월 | 1 | 2 | 3 | 4 | 5 | 6 | 7 | 8 | 9 | 10 | 11 | 12 |

무가온시설 (춘파)
○○○·············●●●━━◎━△△
봄파종　육묘기간　정식　근주양성기간　비닐피복 보온작업
△△△△△△△△△△━━◎
수확기간 및 포장관리　근주양성 및 포장관리

무가온시설 (추파)
○○○·············
가을파종　육묘기간
·············●●━━◎━△△
정식　근주양성기간　비닐피복 보온작업
△△△△△△△△△△━━◎
수확기간 및 포장관리　근주양성 및 포장관리

전조 가온 시설
○○○·············●●●━━◎□□□
봄파종　육묘기간　정식　근주양성기간　비닐피복 및 전조
△△△△△△△△△△━━◎
보온작업, 수확 및 포장관리　근주양성 및 포장관리

* 포장관리 : 추비, 관수, 배토, 꽃대제거, 병해충방제 (전조시간 : 23:00~02:00)

시설재배는 가온 및 무가온재배, 전조재배, 양액재배로 나누며, 시설재배 시 보온을 하면 11월~4월까지 수확을 하는데, 보온개시는 10월~2월까지 적정시기에 하며 조기보온(10월~12월)은 휴면에 영향을 받아 수량이 떨어지는데, 충실한 2년 주를 이용한다. 휴면이 얕아지는 12월 하순이후에 보온은 1년주를 이용하고 있다. 현재는 이식재배가 널리 이루어지고 있으나 생력화 및 정식 시의 노동력을 절감하는 의미에서 직파재배에 관심이 고조되고 있는 실정이다. 전조재배로 휴면을 타파하여 겨울철 재배도 하고 있다.

02

노지재배

노지재배는 일반 가정에서 재배하는 생육과 같이 각 작형 중 가장 쉬운 방법으로 경비가 적게 들고, 재배하기도 비교적 쉽다. 노지재배는 3월에 파종한 것이 그해 여름에 묘가 자라 6~7월에 본포에 심게 된다. 정식된 묘는 9월까지 근주양성을 걸쳐 10월에 1~2회 수확이 가능하지만 그 다음해 수량을 저하시킬 수 있다. 2년째는 근주의 양성기간으로 이 기간의 노력에 따라 수량이나 품질을 좌우하게 된다. 노지재배는 수확하는 시기에 따라 봄베기, 여름베기, 가을베기 등 3가지 방법이 있다. 이것은 같은 포기로 봄, 여름, 가을에 베는 것이 아니라 봄에 베어낸 것은 여름, 가을에 근주를 쉬게 하여 이듬해 봄에 수확하는 것이 된다. 같은 포기에 봄베기 한 것을 또 가을베기를 하면 품질, 수량을 떨어뜨리게 되므로 수확을 하지 않는 것이 좋다. 이와 같이 일제히 수확한 부추 근주를 1년간 휴양시키는 것을 묵은 포기를 양성한다고 한다. 베는 시기와 시장상황 등을 생각해 결정하는데, 한철 전부 수확하는 수도 있고, 그때그때 계절을 구분해서 수확하는 방법도 있으며, 거듭해 정식해서 5년이나 6년을 수확할 수도 있다. 대체로 2~3회를 수확한 근주는 옆폭도 좁고 수량도 적게 되므로 매년 계획적인 묘를 양성해 새로운 근주를 갱신할 필요가 있다. 또 묵은 포기를 사용해 갱신하려고 하면 새 포기를 온상 촉성재배에서 수확하여 끝난 근주를 온상에서 굴취해 5~6본씩 나누어 정식해 근주를 양성하는 방법도 있다.

가. 이식재배

(1) 파종상 만들기

보통 10a에 필요한 묘를 만들기 위해서는 묘상 면적을 약 1a정도 준비한다. 묘의 필요량은 각 작형에 따라 다르지만 묘상의 면적은 될 수 있으면 충분히 확보할 필요가 있다. 부추재배에도 육묘가 중요하다. 파와 같이 본포에 정식하기 전에 좋은 묘를 육묘하지 않으면 안 된다. 좋은 묘란 활착력이 강하고 분얼력이 왕성한 것으로 외관상으로 볼 때 구근이 비대해 충실한 것이다. 뿌리퍼짐이 좋고 경엽부가 도장이 되지 않으며 3~4본씩 나눈 줄기가 굵어야 좋다. 이와 같은 묘는 뒤에 좋은 잎이 나와 높은 수량을 낼 수 있는 근주가 생산되므로 육묘상의 면적을 넓혀 박파를 한다. 묘상은 유기질 비료를 넣어 비옥하게 하고 깊이 갈아 뿌리퍼짐을 좋게 해야 하며 산도교정을 하는 데도 유의해야 한다. 부추 파종은 봄이 되어 하지만 묘상은 가을에서 겨울에 걸쳐 타작물의 수확이 끝난 밭에 설치한다. 묘상 예정지는 배수가 양호한 사질토가 좋고 비옥한 지대가 좋다. 특히 유묘기는 잡초의 해를 받기 쉬우므로 잡초 발생이 적은 곳이 좋다.

(가) 파종상

묘상의 예정지는 가을부터 겨울 사이에 갈아두어 풍화시킬 필요가 있으며, 경운해 둔 뒤 토양산도를 교정하기 위하여 10a당 50kg 정도의 석회를 살포해 둔다. 부추는 백합과의 식물로 산성흙을 싫어하기 때문에 반드시 묘상의 토양 산도를 교정해 두지 않으면 안 된다. 보통 부추 생육에는 pH는 6.0~7.0이 제일 알맞으므로 혹 pH 6.0 이하일 때는 석회 또는 나뭇재 같은 것을 사용할 필요가 있다.

묘상폭 90cm, 통로 30cm, 높이 10cm의 파종상을 만든다. 부추는 습해에 약하므로 묘상토는 배수가 잘되는 흙을 골라 묘상을 만들지 않으면 안 된다. 따라서 파상은 통로보다 10cm 정도 높게 배수구를 만든다. 상면은 충분히 세토해 될 수 있는 대로 평평하게 만드는 것이 중요하다. 혹시 상면이 통로보다 낮거나 울퉁불퉁하면 낮은 부분에 빗물이 고여 그 부분의 묘가 썩거나 습해를 받기 쉽다.

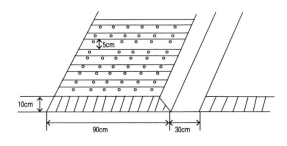

(그림 4-3) 노지부추 아주심기

(나) 묘상의 시비

묘상밭을 갈아 석회 20kg을 살포하여 겨울동안 둔 곳은 이른 봄(파종 7~10일 전)에 다시 경운, 세토하여 파종상 위에 평당(3.3m²) 완숙 퇴비 7kg, 인산 1.7kg을 기비로 묘상 전면에 뿌려준다. 비료를 뿌린 다음 깊이 10cm 정도 흙을 뒤엎어 그 후 표면을 평평하게 정지한다. 섞은 흙이 충분하지 못하면 비료의 양이 불균일하여 묘가 균일하지 못하므로 주의한다. 묘상 만들기는 파종 직전에 행하게 되면 비료해를 받기 쉬우므로 적어도 파종 7~10일 전에 해둘 필요가 있다.

(표 4-1) 부추 육묘상에서 시비량 (경기)

비료명	총량	기비	추비	
			1회	2회
석회	20.0kg	20.0	–	–
질소	4.6	–	2.3	2.3
인산	1.7	1.7	–	–
칼리	5.0	–	2.5	2.5

(2) 파종

(가) 종자준비

육묘상이 준비가 되면 곧바로 파종에 들어가기 때문에 종자 준비를 해야 한다. 부추종자는 수명이 짧으므로 당년산 종자를 쓰는 것이 좋으며 10a당 1.5~2L 정도 준비한다. 종자 1a에 필요한 종자량은 대체로 1.0~1.5L이나 종자를 더 확보하는 것이 좋다. 종자 중에는 발아되지 않거나 발아가 늦거나 나쁜 종자가 섞여 있기 때문이다. 그러므로 반드시 발아시험을 하여 좋은 종자를 골라 놓는 것이 좋다. 종자 고르기를 하지 않고 파종하면 발아율이 떨어져 예정한 묘의 확보를 할 수 없게 된다.

발아시험은 샬레나 접시 위에 습한 가재를 덮고 그 위에 50~100입의 종자를 얇게 펴고 그 샬레나 접시를 따뜻한 방안에 두면 수일 내 발아가 된다. 발아된 종자의 수를 조사해 전체 입의 수로 나누면 발아율을 알 수 있다. 발아시험 결과 70%가 되면 그 종자의 전체 발아율 역시 70%로 봐도 좋다. 따라서 묘상에 파종할 종자량은 다음과 같이 계산해 구한다. 1.5L÷.7≒2.2L, 고로 1.5L의 종자를 발아시키려면 발아율 70% 종자는 2.2l의 종자가 필요하다. 이와 같이 발아율을 사전에 조사해 두는 것은 예정 묘를 확보하는 데 매우 중요하다.

파종할 종자는 수선을 하여 물 위에 뜨는 것은 건져낸다. 이렇게 하지 않으면 뒤에 발아 가 불량하므로 묘가 부족하게 된다. 발아시험 결과 발아율이 높은 종자는 그런 염려를 하지 않아도 된다. 종자량을 적게 하여 박파를 해 충실한 묘를 얻으려면 신품종을 사용하거나 종자 고르기는 반드시 실시하는 것이 중요하다. 수선이 끝난 것은 물을 뺀 다음 음건해서 석회분 처리하거나 벤레이트수화제로 착색한 종자를 파종할 때는 종자가 확실히 보이기 때문에 파종량의 밀도를 조절할 수 있다.

(나) 파종시기

부추파종은 봄파종과 가을파종의 두시기가 있다. 특히 따뜻한 곳에는 가을 파종을 할 때가 있는데, 대부분 봄파종을 하고 있다. 봄파종은 3월 중순에 경북 포항지역 같은 해안을 중심으로 하는데, 따뜻한 시기이기 때문에 발아 후 생육량이 비교적 좋고 생육도 순조롭다. 가을파종은 발아가 양호하고 초기 생육도 순조로우나 생육

도중에 한해를 받거나 특히 서릿발이 서는 곳에서는 묘가 소멸될 수 있다. 추운 곳에는 비닐이나, 섬피를 덮어 방한해 줄 필요가 있다. 파종 적기는 봄파종이 3월 중순~4월 하순이며, 가을파종은 8월 중순~9월 상순이다. 그러나 여름파종은 고온다습으로 묘가 녹아버리기 쉽기 때문에 지양하는 것이 바람직하다.

(다) 파종방법

묘상에 씨뿌리기 전에 한 번 더 판자나 삽으로 잘 고르고 표토는 잘 세토해 묘상에 파종한다. 파종법에는 산파(흩어뿌림)와 조파(줄뿌림) 두 가지 방법이 있다. 파종작업은 부추종자를 20시간 정도 침수시켜 음건하여 줄뿌림으로 파종하는데, 줄 간격은 5cm 정도로 하여 복토를 얇게 한 후 짚으로 덮고 충분히 관수를 한다. 산파는 파종하기는 쉬우나 후에 제초하는 데 불편할 뿐만 아니라 종자량도 조파에 비해 10~20% 더 많이 필요하게 된다. 이에 따라 조파는 파종하는 시간은 많이 들지만 종자가 절약되고 묘도 균일하고 제초 면에서 훨씬 편리하다. 따라서 비교적 파종상 폭이 좁은 묘상에는 산파를 하고 파종 폭이 넓은 데는 조파를 하는 것이 좋다.

조파 방법은 종자 1.5l를 1a(30평)의 묘상에 대체로 5cm 간격의 좁은 골을 만들어 그 골에 종자를 떨어뜨린다. 처음부터 많이 파종하면 뒤에 부족하기 쉽고, 또 처음부터 적게 파종하게 되면 뒤에 종자가 남게 되어 맨 끝에 골은 너무 많이 파종되기도 한다. 이와 같이 되지 않게 하기 위해서는 이랑 수를 세어 그 이랑 수에 맞게 종자를 균등하게 나누어 그 골에 맞게 파종해 간다. 이와 같이하면 묘상 전면에 종자가 균일하게 파종되며 생육도 잘 된다. 파종작업이 끝이 나면 통로에 흙을 부드럽게 하여 그 흙으로 복토한다. 복토의 두께는 종자가 보이지 않을 정도의 2mm 전후로 해 균일하게 하는 것이 중요하다. 이 작업은 체(얼그미) 같은 것을 사용하는 것도 편리하다. 복토를 한 뒤에는 가볍게 판자나 삽 등으로 두들겨 상면의 건조를 미연에 방지를 한다. 또 부추종자는 건조하면 발아가 나쁘게 되므로 너무 건조할 때는 짚이나, 비닐 멀칭을 하거나 관수를 스프링클러를 이용하여 실시한다.

(3) 육묘관리

부추는 발아일수가 긴 작물로 발아 최적온도는 20℃ 전후(발아 온도의 폭은 10~25℃)로 파종 후 10~15일 정도 걸린다. 특히 건조되어 있을 때는 긴 일수가 걸리므로 이때는 반드시 관수해 준다. 복토가 2mm 정도 얇기 때문에 종자가 물로 인해 씻겨 내려가기 쉬우므로 주의해서 조용히 관수하지 않으면 안 된다. 그리고 발아가 시작되면 덮은 짚이나 멀칭을 반드시 제거해야 한다.

(표 4-2) 육묘상 치상온도와 부추종자 발아율 관계 (1992, 경북)

온도＼일수	6일	12	20	30	40	50
4℃	–	–	0	0	0	0
7	0	1	4	9	–	–
10	2	5	8	–	–	–
16	10	70	79	–	–	–
20	38	85	92	–	–	–
25	6	8	17	–	–	–
30	6	6	6	–	–	–

봄 파종 묘판은 20℃ 전후의 발아적온을 유지하기 위해서 하우스 내 터널멀칭을 이용하여 발아를 촉진시킨다. 파종 후 10~12일에 싹이 트는데 멀칭이나 덮은 짚을 제거하고 부추종자는 7℃ 이상이면 발아가 가능하며, 최고 30℃까지도 발아가 되지만 저온과 고온조건에서는 발아율이 저하되는 문제가 있다. 부추의 발아적온은 15~20℃이며 20℃ 전후가 가장 발아율이 높아 온도조절이 무엇보다 중요하다. 터널온도를 30℃ 정도로 관리한다.

(표 4-3) 국내부추 수집종의 발아온도별 발아세 및 발아율 (1992, 경북)

수집종명	발아세(%)			발아율(%)		
	15℃	20℃	25℃	15℃	20℃	25℃
칠곡재래1	2	24	9	86	94	12
칠곡재래2	2	48	13	94	97	23
영천재래1	3	37	6	83	94	6
영덕재래1	0	2	11	87	96	24
청림부추	2	19	41	62	94	51
뉴벨트	15	27	56	65	99	86
그린벨트	13	35	44	88	91	65

* 발아세 조사 : 치상 후 4일, 발아율 조사 : 치상 후 10일

터널은 5월 상순까지만 피복하고 건조 시 생육이 나쁘므로 관수를 평당 5L 정도로 충분히 해주며 밀파된 곳은 솎아주고 잡초를 뽑아 준다. 생장이 느리고 잎 색이 너무 연하면 30평에 요소 0.4~0.6kg을 웃거름으로 준다. 잎이 25~30cm 정도 자란 묘가 좋은데 크다고 입을 자르게 되면 양분이 소모되어 다음 생장이 나빠지게 되므로 잎을 자르지 말아야 한다. 가을파종 묘판은 파종 후 짚을 두껍게 덮어서 지온을 낮추고 건조를 방지한다. 싹이 튼 후에 짚을 제거하고 비가림과 건조방지를 위해 한랭사를 피복하면 좋다. 자당(Sucrose) 농도별 수집종의 화분 발아율은 10%에서 좋았다. 또한 수집종의 화분수침 시간별 발아율은 대부분 0~10시간에 발아가 끝났다. 고온이기 때문에 관수량을 많이 해준다. 웃거름은 9월 상순~10월 상순에 해주어 묘를 충실하게 기른 후 12월경에 묘상에 짚 또는 보온덮개를 덮어 동해를 막아준다. 육묘상의 잡초는 될 수 있으면 적을 때 손으로 뽑아낸다.

(표 4-4) 자당 농도별 부추 수집종의 화분 발아율 (1992, 경북)

품종	자당 농도별 발아율(%)	
	1%	10%
파부추	-	62.2
영덕재래1	10.3	25.7
다이로	-	26.1
죽산수집종	23.8	38.0
그린벨트	9.8	24.9

(표 4-5) 부추 수집종의 화분수침 시간별 발아율 (1992, 경북)

수침시간	수집종별 발아율(%)				
	파부추	영덕재래1	다이로	죽산수집종	그린벨트
0	62.2	25.7	26.1	35.7	24.9
5	23.6	14.1	4.5	24.3	16.0
10	18.6	11.2	4.4	18.1	7.0
15	8.2	7.2	0.5	12.0	1.3
20	4.6	6.2	0	5.7	1.0
25	3.7	3.3	0	5.0	0.9
30	3.0	1.4	0	4.3	0.8
60	0	0	0	1.6	0.8
120	0	0	0	1.1	0.5

* 수침처리 후 고체배지(10% sucrose+0.8% agar)상에 플레이팅을 하여 30분 후에 발아율 조사(25℃)

제초가 늦어지면 잡초 뿌리가 번무해진다. 이와 같이 되면 잡초를 뽑을 때 부추뿌리가 들떠 그 후의 생육이 나빠지므로 빨리 제거하는 것이 좋다. 부추 생육이 더욱 왕성한 시기는 7월 이후로 이 시기는 특별히 건조가 심하므로 반듯이 스프링클러를 이용하여 관수를 해준다. 그리고 될 수 있으면 갈대발이나 한랭사 등으로 빛가림을 해준다. 갈대발을 쳐주어 한낮에 빛가림을 해주고 야간에는 걷어주도록 한다. 그렇지 않고 야간에도 갈대발을 쳐 놓으면 부추가 연약 도장해서 좋지 않다. 그러나 한랭사를 피복했을 때는 한여름의 강한 광선을 막아 부추에 적당한 온도와 광선을 받게 한다. 한랭사는 갈대발과 달라 야간에도 그대로 두면 되는데 노력은 갈대발보다 적게 든다. 따라서 건묘 육성에는 효과가 높은 방법이다. 한랭사는 지상 45~60cm 위치에 치고 양측면은 열어 놓는다. 양측면을 열어 놓았기 때문에 강풍에 날리지 않게 설치하는 것이 중요하다. 이와 같이 하면 묘의 생육도 좋게 되고 성묘율도 높으며 좋은 묘가 생산이 된다. 여름도 지나고 9월이 되면 한 본의 굵기가 나무젓가락 정도 되어 초장 30~40cm 지하부는 10~15cm정도의 묘가 된다. 박파를 했을 때는 수본(3~4본) 분얼해 줄기가 굵은 묘가 된다.

추비는 1a당 질소 4.6kg, 칼리 5.0kg를 2~3회 나누어 사용하고 제초작업을 한다. 묘상기간이 길기 때문에 추비는 생육(본엽 2~3본)을 봐서 유안이나 요소를 물에 녹여준다. 1a당 추비의 양은 유안 1,500g, 요소 700g을 물 400L에 희석, 살포해 준다. 추비는 본엽 2매 시 제1회 추비, 2회 추비는 생육상태를 보아서 시용한다. 묘상기간 중 특히 피해가 큰 병해충은 잘록병, 진딧물 그리고 뿌리응애인데 이에 대한 방제를 철저히 하여야 한다.

(4) 아주심기(정식) 준비

정식준비는 정식 20일 전 깊이갈이를 하고 정식 10일 전 10a당 석회 200kg, 퇴비 1,500kg을 밑거름으로 충분히 넣고 포장을 미리 준비한다. 시비에 있어 부추는 생육기간이 길며 다비성 작물이므로 생육 중 비료가 부족하지 않게 완효성 퇴비를 많이 주어야 한다. 특히 부추는 4~5년간 동일한 포장에서 계속 생육을 한다는 것을 기억해 두어야 한다.

성분량으로는 노지재배 시 질소 19.0kg, 인산 10.7kg, 칼리 10.4kg를 사용하여야 하며, 파종 전 땅을 갈고 고를 때 시용한다. 본포의 기간이 길어 지력 소모가 많이 되기 때문에 노지재배는 4~5년간 동일한 포장에서 계속 생육한다는 것을 기억해 두어야 한다.

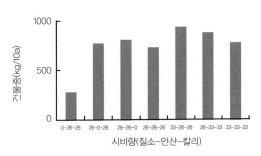

(그림 4-4) 부추재배지 3요소 시비량과 건물중(1972, 일본)

(표 4-6) 부추재배 방법별 표준기비 시비량 (농진청)

재배방법	시비량(성분량, kg/10a)				
	질소	인산	칼리	퇴구비	석회
노지재배	19.0	10.7	10.4	1,500	200
시설재배	13.2	8.7	5.8	1,500	200

* 퇴구비, 석회는 실량임

부추는 파와 같이 산성 비료를 좋아하지 않기 때문에 될 수 있으면 중성비료를 사용할 필요가 있다. 비료 사용 시 비료가 직접 뿌리에 닿으면 비료 장해를 일으켜 뿌리가 약해지므로 고랑에 줄 때는 흙과 잘 섞어서 심도록 한다. 이랑 만들기 전에 전면 살포할 경우는 걱정할 필요가 없다.

(표 4-7) 토양 유효인산 검정에 의한 인산시비 적량 (농진청)

작물	토양 유효인산함량(ppm)별 인산시비량(kg/10a)					인산시비량 추천식
	200	300	400	500	600	
부추	39.4	29.8	20.2	10.6	0	$Y=58.648-$ $0.096X$

* Y : 인산시비량(kg/10a), X : 토양 유효인산함량(ppm)

(표 4-8) 토양 치환성칼리 염기비에 의한 칼리시비 적량 (농진청)

작물	토양 유효칼리함량(ppm)별 칼리시비량(kg/10a)					칼리시비량 추천식
	0.2	0.3	0.4	0.5	0.6	
부추	27.5	21.9	16.3	10.6	5.0	$Y=38.790-$ $56.354X$

* Y : 칼리시비량(kg/10a), X : 토양칼리 염기비(ppm)

인산비료는 토양검정을 한 성적이 200ppm인 경우 39.4kg를 사용하고, 칼리의 경우 토양검정치가 0.2ppm인 경우 27.5kg를 사용한다. 정식을 할 때까지 충분히 기간을 둘 필요가 있다. 가을 늦게 심게 되면 추위가 오기까지 충분한 뿌리가 신장하지 못해 한해를 받기 쉬운데 이럴 때나 인산흡수력이 강한 화산회토 등에 심을 때는 특별히 인산을 주어야 한다. 부추는 파와 같이 산성비료를 좋아하지 않으므로 될 수 있으면 중성비료를 사용할 필요가 있다. 질소질비료 사용은 노지재배지에서 토양유기물 2.0% 이하는 42.6kg/10a, 2.1~3.0%는 3.61kg/10a, 3.1%이상은 29.4kg/10a 사용하면 된다. 따라서 부추 정식포에는 토양검정을 꼭 실시하여 인산과 칼리시비량을 추천식에 의거 충분히 사용해야 생육에 좋을 것이다.

(5) 정식(아주심기)

(가) 정식포 만들기

부추 근주는 특히 노지재배는 일단 정식하면 3~4년간 재배를 하기 때문에 비옥한 포장을 골라둔다. 앞 작물이 부추를 재배한 포장은 할 수 없이 연작피해를 생각해 포장선정을 잘 해야 한다. 적당한 포장이 결정되면 부추 근군이 광범위하게 번무하는 것을 고려해 될 수 있으면 심경을 실시한다. 그 깊이는 25cm 정도로 하는 것이 좋다. 심경을 하면 토양반응을 조사해 부추 생육에 알맞은 토양산도를 조절할 필요가 있다. 이것은 앞에서 말한 대로 강산성일 때는 생육이 불량하거나 분얼이 중지되는 수도 있다. 부추의 알맞은 토양산도는 pH 6.3~6.5 정도로 혹시 6.3 이상의 산성일 때는 석회를 사용하고 경토와 잘 섞어 둘 필요가 있다. 또 깊이갈이 경운할 때는 기비를 전면에 살포해 흙과 잘 섞어 뿌리가 비료 피해를 받지 않도록 해야 한다. 심는 줄 간격은 20cm, 포기 사이 15cm로 하여 정식을 한다. 간격 또는 휴폭은 부추를 그 장소에서 몇 년을 수확 할 것인가 어떤 작형으로 할 것인가에 따라서 정하지 않으면 안 된다. 보통 노지재배일 때 이랑 폭 90cm, 고랑 30cm, 이랑높이 10cm로 하여 이랑을 만든다. 심는 이랑의 깊이는 포장에 심어지는 기간의 장단에 따라 정해지나 보통 15cm 전후가 좋다. 심는 이랑은 너무 깊게 하면 깊이 심게 되어 분얼력이 약해지며 특히 초기 생육이 늦어지기도 한다. 또 너무 얕게 심으면 초기

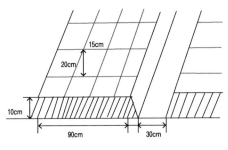

(그림 4-5) 부추 아주심기

생육은 순조로우나 흙넣기 등 관리 관계로 3~4년이 되면 높은 이랑이 되어 근경부가 가뭄피해나 한해를 받기 쉬우며 생육이 나빠 생장점까지 예취하게 되어 좋지 않다.

부추는 병해충의 피해는 적은 작물이나 정식을 봄 늦게 하거나, 연작을 하면 병해충의 피해가 많게 된다. 그 중에도 뿌리응애 피해가 많다. 이 뿌리응애에

(그림 4-6) 노지부추 정식포 준비

걸리면 최초는 잎 끝이 파마한 것 같이 오글오글하고 뿌리 발육도 나빠 생육이 불량하게 되므로 심기 전에 토양소독을 해둔다. 사용약제는 토양침투성 살충제를 10a당 5~6kg 정도 처리해 흙과 잘 섞어 심으면 좋다. 때로는 살충제액을 만들어 부추 뿌리를 담갔다가 심는다. 이와 같이 하면 뿌리응애의 피해는 줄어들게 된다.

(나) 시기 및 방법
정식기는 6~7월에 평균기온이 15~24℃인 기간에 실시하는데 너무 고온일 때는 수분증발이 심하고 비가 많을 경우에는 과습으로 뿌리가 썩는 피해를 볼 수 있다. 정식시기는 봄심기와 가을심기로 나누며, 봄에 파종 시 파종 후 90일경인 6월 하순~7월 상순이 적당하며, 가을 파종 시는 5월 상순~6월 상순경이 적기이다. 정식 시 평균기온이 15℃ 이상일 때 정식하는 것이 좋다. 묘의 크기는 초장이 25cm 전후로 2~3개 정도 분얼하여 잎이 5장정도 되며 무게가 15~20g정도가 좋다. 봄심기는 너무 늦으면 완전 활착하기도 전에 여름의 고온건조기에 들어 생육이 나쁘게 되거나 뿌리응애 피해를 받기 쉬우므로 한해를 받지 않는 범위 내에서 될 수 있으면 일찍 심는 것이 좋다. 해안지방인 포항지역에서는 가을심기로 9월 내내 심을 수 있다. 이 시기는 추위가 오기 전 서늘한 기후에 충분히 생육이 되어 분얼도 많고 뿌리 퍼짐도 좋아 한해를 받지 않아 큰 포기가 되는 것이 많다.

(다) 심는 방법
봄에 묘상에 씨를 뿌린 부추는 가을에 정식을 할 때 30~40cm 전후의 초장이 되면 2~4본 분얼된 묘가 된다. 이 묘를 정식 하면 너무 잎이 길어 심는 작업이

어렵기 때문에 잎 끝을 잘라내는데, 엽선 절단은 연백부분의 윗잎을 10cm 정도 남겨 두는 것이 좋다. 한 포기에 심는 본수는 묘의 대소에 따라 다르나 보통 2~3본 분얼된 묘를 7~10주씩 심는다. 심는 깊이는 12~13cm 정도가 좋다. 심는 방법은 묘 뿌리부분을 가지런히 하고 뿌리를 잘 펴서 세워 잘 심는다. 뿌리줄기 위 2~3cm까지 심는다. 노지재배는 다소 깊게 심는 것이 좋다.

(라) 재식거리

부추의 수량이 최대에 달하는 이론적인 적정 재식거리는 10×10cm, 주당 새 식본수가 22본이나 실제적인 재식거리는 20×15cm, 깊이 10~12cm로 하여 18주를 한포기로 정식한다. 재식거리는 노지재배 시 휴폭 60~90×주간 20~25cm에 3~5포기를 포기 사이

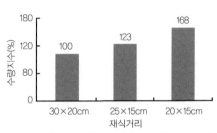

(그림 4-7) 부추 재식거리와 수량관계(1996, 경기)

15~20cm 간격으로 심어 밀식하면 초기수량은 높으나, 3년 이상이 되면 수량이 감소한다. 심는 깊이는 10~15cm 정도로 하여 심고 정식 후 가볍게 복토하고 활착 후 2~3회 나누어 북을 주도록 한다. 정식 후에는 물을 충분히 주어 활착을 돕는다. 봄정식은 7~8본, 가을정식은 4~5본이 적당하다. 부추는 파류 중에서도 분얼(가지치기)이 강하여 생육기에는 분얼력이 왕성해져 분얼에 의해 주수가 증가하므로 종자를 파종하는 것보다 주로 분주에 의하여 증식을 하게 된다.

(표 4-9) 부추의 재식본 수와 시기별 경수 증가비율 (1993, 경남)

재식 본수	8.6	9.7	10.7	11.4	12.4	3.27	4.23	경수
3	1.5배	1.8	4.9	6.8	7.5	8.0	9.7	29.2
5	1.5	1.6	3.4	4.8	4.9	6.0	7.0	34.9
7	1.4	1.5	3.1	4.0	4.8	5.6	5.8	40.7
10	1.4	1.5	2.4	3.0	3.0	3.7	4.5	44.9
15	1.3	1.5	2.0	2.0	2.0	3.2	3.3	49.4

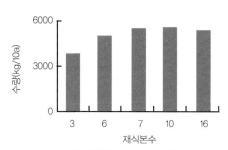

(그림 4-8) 부추 재식본수와 수량관계(1993, 경남)

(표 4-10) 재식거리별 수량성 비교 (1993, 경남)

재식거리(cm)	초장(cm)	엽수(매)	경수(개)	생체중(g/주)
30×20(관행)	37.7	4.7	16.0	38.0
25×15	36.7	4.73	16.9	29.2
20×15	38.4	4.54	17.3	17.3

부추의 분얼력은 봄에 파종한 대엽종은 7월 중순부터 시작하여 가을까지 계속된다. 재식본 수가 많을수록 경수가 증가하였으며, 정식 후 그 이듬해에 가장 많이 증가한다. 즉 실생묘는 본엽 6매 이후부터 분얼이 시작되며 그 후 2차, 3차 분얼이 계속된다.

(6) 정식 후 관리

날씨가 추워지는 11월 상순경부터 지상부의 잎은 말라 시들고 휴면기에 들어가게 된다. 이때에 토양이 얼기 전 충분하게 관수하여 근경이 안전하게 월동하여 이듬해 싹이 빨리 트도록 한다. 봄이 되면 잡초를 제거하고 지온을 높이고 표토를 부드럽게 하여 새싹이 올라오도록 해야 한다. 관수와 추비를 수시로 하여 부추의 길이가 15~25cm 정도 자라면 수확할 때마다 관수와 추비를 사용한다.

(가) 중경 배토
부추의 근주는 양성기간이 길기 때문에 휴간이 굳거나 잡초 발생이 심하다. 그러므로 폭이 좁은 갈치베타를 사용해 3cm 정도 얕게 휴간을 갈아 포기에 흙을 넣어 주면 중경 배토 및 제초작업이 동시에 이루어진다. 노지부추의 경우 강우와 연작에 의해 토양이 유실되어 뿌리가 지면으로 노출되면 생육이 불량해 진다. 또한 부추는 매년 조약근이 발달되면서 뿌리가 지상으로 올라오기 때문에 매년 복토작업을 해야 한다. 복토를 2cm 할 경우 수량지수가 120%로 가장 높았으며, 초장과 수량도 가장 좋아 포장관리 시 뿌리의 활력을 위하여 복토는 꼭 실시해야 한다.

(표 4-11) 부추종자의 복토 깊이별 출현률 (1991, 경북)

수집종명	복토 깊이별 출현율(%)			
	0	1cm	3cm	5cm
칠곡재래1	0	70	88	80
그린벨트	0	86	40	42

(표 4-12) 복토깊이에 따른 시기별 생육 (1991. 경북)

처리내용	초장(cm)			수확시기별 수량(kg/10a)			
	3/5	4/4	5/1	3/5	4/4	5/1	계
무복토	25	35	33	948	1,278	766	2,992
2cm 복토	25	38	38	1,085	1,315	1,204	3,604
4cm 복토	27	37	37	1,109	1,295	987	3,391

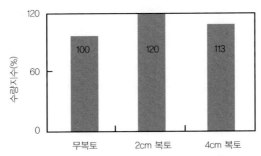

(그림 4-9) 시설부추 재배시 복토 깊이별 수량지수 비교(1991, 경북)

(나) 잡초방제

우리나라 부추밭에 발생되는 잡초의 수는 대략 30여 종이 있으나 지역별로 발생정도는 차이가 있다. 보통 밭에는 쇠비름, 명아주, 흰명아주, 괭이밥 등이 발생하고 있으며, 논부추는 뚝새풀, 별꽃, 벼룩나물, 방동사니, 여뀌, 피, 바랭이 등의 발생이 많다. 겨울철 재배지의 발생 잡초를 보면 중부 이북지방은 명아주, 뚝새풀 등이 많이 발생하고, 중부이남지방은 뚝새풀, 별꽃, 벼룩나물, 명아주, 갈퀴덩쿨 등이 대체로 많이 발생하고 있다.노지부추는 재배기간이 길기 때문에 잡초를 제때에 제거하지 않으면 많은 노력이 소요될 뿐만 아니라 수량도 크게 감소하므로 적기에 잡초방제가 중요하다.

제초제는 파종 복토 후에 사용하는 토양처리제와 잡초가 3~5엽이 생겼을 때처리하는 경엽처리제가 있으므로 사용 방법과 시기를 맞추어 적기에 사용한다. 일부지역에서 매년 부추에 공시되지 않은 마세트입제, 라쏘입제 등을 사용하여 피해를 입는 농가가 발생되고 있으므로 반드시 공시제초제를 사용해야 한다.

(그림 4-10) 제초하지 않은 노지포장

중경 제초의 목적은 ㉮ 토양의 통기성과 빗물 침투를 좋게 하고 ㉯ 토양 피복이 새롭게 되어 모세관의 상승을 끊어 수분증발을 막고 건조를 방지한다. ㉰ 근군이 더욱 활동하기 쉽게 연하고 새로운 흙을 포기에 넣어 뿌리 번무를 돕고, 비료흡수를 왕성하게 한다. 따라서 양성기간 중의 봄 4월 중하순과 9월 상중순 2회 중경 제초를 하도록 한다. 중경 제초 때 주의할 것은 부추의 뿌리가 지표를 향해 퍼지므로 끊어지지 않게 될 수 있으면 얕게 한다. 잡초는 봄 일찍부터 장마 전후에 발생이 많다. 잡초의 뿌리가 일단 퍼져나가면 제초는 수배의 노력이 필요하며 제초할 때 부추 뿌리가 흔들리게 된다. 또 지표의 잡초가 많으면 지온을 낮추는 등 부추 생육을 나쁘게 한다. 그러므로 잡초 발아 후는 빨리 중경 배토를 겸한 제초를 하는 것이 좋다. 손제초를 하는 것이 좋으나, 잡초가 발생했을 때는 적용약제를 살포하는 것이 좋다.

날씨가 추워지는 11월 상순경부터 지상부의 잎은 말라 시들고 휴면기에 들어가게 된다. 이때에 토양이 얼기 전 충분하게 관수하여 근경이 안전하게 월동하여 이듬해 싹이 빨리 트도록 한다. 봄이 되면 잡초를 제거하고 지온을 높이며 표토를 부드럽게 하여 새싹이 올라오도록 해야 한다. 관수와 추비를 수시로 하여 부추의 길이가 15~25cm 정도 자라면 수확할 때마다 관수와 추비를 시용한다.

(그림 4-11) 스프링클러를 이용한 관수작업

활착 후 생육을 촉진하기 위하여 북을 주고 웃거름주기와 중경제초를 해준다. 물주기는 파종기인 가을과 생육기인 4~5월에 가물 경우가 많은데 토양이 건조하면 토양 중에 있는 양분을 뿌리에서 흡수할 수 없다. 가을 가뭄은 뿌리활착이 떨어져 동해를 입기 쉽고, 봄 가뭄은 생육장해를 받아 수량이 줄고, 품질을 떨어지게 한다. 그러므로 4~5월의 가뭄 시 10일 간격으로 30mm 정도씩 2~3회 물대기를 하거나 이동식 스프링클러를 이용하여 관수하면 증수효과가 매우 크다. 단 이랑관수를 할 경우 관수시간이 하루를 넘지 않도록 주의한다.

가뭄이 심할 경우 잎마름 현상이 심하여 수확작업도 불편하며 저장성도 떨어진다. 고온건조 시는 충분히 관수하여 충실한 포기가 되도록 한다. 9월 이후 포기가 번무해서 병이 많이 발생하므로 정기적으로 방제약을 뿌려준다. 노지재배의 경우 비바람으로 품질의 저하가 되기 쉬우므로 비가림재배를 도입해 볼 필요가 있다. 2년째부터는 생육에 따라 추비를 주고 수확을 실시한다. 6월 하순경부터 화아분화가 시작되고 7~9월경에 추대가 되는데 방치하면 양분이 많이 손실되어 수량이나 품질이 떨어지게 되므로 수회에 걸쳐서 화경을 제거해준다.

(다) 웃거름 시용

웃거름은 봄에 움트기 전의 4월 상순과 6월 중순, 가을은 9월 중순에 중점 시용하고 퇴비는 파종 후 2년째의 가을에 이랑에 시용한다. 웃거름은 생육상황에 따라 8월 하순~10월 상순에 300평당 질소 19.0kg, 칼리 10.4kg를 2~3회 주는데 주는 시기가 빠르면 웃자라 쓰러지게 되므로 9월 이후에 중점적으로 준다.

(표 4-13) 재배방법별 추비시용 (1999, 농과원)

재배방법	시비량(성분량, kg/10a)				
	질소	인산	칼리	퇴구비	석회
노지재배	19.0	–	10.4	–	–
시설재배	13.2	–	5.7	–	–

2년 이하는 매년 추비로 시비한다. 추비는 저온기를 제외하고는 언제든지 시용해도 되나 1년에 2회 생육이 왕성한 봄과 가을에 시비한다. 추비는 이랑에 주고 반드시 중경을 실시, 비료의 노출을 방지하는 것이 중요하다. 여름 고온 시 추비를 하면 부추 뿌리가 비료 장해를 받아 생육을 나쁘게 하므로 3월 또는 5~6월과 9~10월의 2회에 걸쳐 실시하는 것이 좋다. 2년째부터 매년 상기의 양을 추비로 해준다.

(라) 꽃대따기
부추는 8월이 되면 꽃이 피며 전포기 일제히 꽃이 피는 것이 아니라 1회 따준 뒤 늦게 나온 포기도 많이 있으므로 1회 따낸 뒤 7~10일 간격으로 꽃대를 따준다. 이 꽃대를 따주지 않고 그대로 방치해두면 개화 결실 때문에 세력을 빼앗겨 근주의 세력을 극도로 떨어뜨리게 되므로 채종용 이외는 될 수 있으면 빨리 꽃대를 따주는 것이 좋다.

(마) 짚 덮기
1년 동안 양성한 근주는 충분한 발육을 해 겨울이 되면 지상은 마르고 양분 축적한 근주로 겨울을 지나게 된다. 이들 근주는 겨울 동안 추위가 심한 지대는 서릿발이나 건조의 해를 많이 받으므로 이랑에 짚을 덮거나 두엄을 3cm 이상 덮어 보호해준다. 일반적으로 볏짚이나 보릿짚을 단 그대로 휴간에 봄까지 그대로 둔다. 봄이 되면 썩기 때문에 퇴비로 휴간에 묻어 넣는다.

(7) 비료의 역할

(가) 질소

질소질은 식물이 생장하기 위한 주체로 원형질의 주성분인 단백질의 16%를 차지하고 유기물의 건물중 질소 비율도 5~10%이다.

질소비료는 수량에 크게 영향을 주며, 특히 잎이 자라나는데 필요하지만 너무 과다하게 주면 오히려 수량이 줄고 저장력도 약해져서 저장 중 잘 썩게 된다. 질소의 공급시기는 수량에 크게 영향을 주기 때문에 잎이 급속히 신장하는 시기에 공급해 줄 필요가 있다. 작물이 흡수할 수 있는 질소의 형태는 질산과 암모니아이며, 암모니아태 질소보다 질산태 질소가 좋다. 이들이 함유되어 있는 대표적인 비료는 요소와 유안으로 대부분의 화학비료 중에 들어 있다. 이들은 물에 녹아서 뿌리 가까이 가면 곧 흡수되어 효과가 나타나는 비료이다. 요소도 직접 흡수되는 것보다 암모니아나 질산으로 변해서 흡수되는 것이 많다.

유박이나 어비 등 기타 여러 가지 유기질 비료는 분해해서 암모니아 또는 질산으로 되지 않으면 발휘되지 못한다. 유기질비료 중의 질소는 단백질과 그 외 질소유기화합물의 혼합물이다. 단백질은 분해되어 아미노산으로 되고, 다음에 암모니아로 되며, 그 다음에 질산으로 된다. 이와 같이 분해되어 비료로 유효하게 되므로 완효성 비료라 한다. 유기질비료를 시용하면 그 비료가 가지는 화합물에 따라 분해과정이 다르므로 그 화합물이 암모니아태, 질산태로 변하는 시기가 다른데 이것이 비효를 오랫동안 유지시키는 원인이 되는 것이다.

(나) 인산

인을 함유하는 유기물질인 핵산, 핵단백질, 인, 지질 등 원형질의 주요 구성성분으로 세포의 생장·번식에 없어서는 안 되는 원소이다. 일반적으로 질소가 식물생장을 촉진시키고 성숙을 지연시키는 데 비해 인산은 성숙을 촉진시키며, 근채류의 경우 뿌리부위의 비대를 촉진시킨다. 인산은 토양에 흡수가 되면 산성이 강한 토양(pH 5.0 이하)에서는 불가급태로 되어 비료의 효과가 나타나지 않으므로 토양산도를 중화시킨 후 시비해야 한다. 그러므로 인산을 줄때는 이미 토양 중에 흡수 공급되어 있는 비료의 형태와 작물의 종류에 따른 뿌리로부터 흡수 능력을 고려해야 한다.

또한 발근을 촉진하는 효과가 있으므로 인산을 주는 시기는 부추와 같이 가을에 파종하는 작물에서는 밑거름으로 시용해서 연내에 충분하게 발근 신장을 시켜 한해로 인하여 고사하는 것을 막아준다. 인산은 토양 중에서 거의 이동하지 않으므로 웃거름으로 주는 것은 뿌리가 많이 분포하는 장소에 도달시키는 것이 곤란하고 효과가 적으므로 전량 밑거름으로 준다.

인산 비료의 종류로서 수용성 비료인 과석이나 용과린의 효과가 크고, 수용성 비료인 용성인비, 인산 2석회, 인산 3석회, 토마스인비의 효과는 좀 떨어지나, 다 같이 가용성 비료로서 많이 사용되고 있다. 왕겨, 유박 등 함유되어 있는 인산은 유기태의 인산으로 분해되지 않으면 비효가 나타나지 않는다. 계분, 어비, 골분은 무기태의 인산인데 이것 역시 분해하지 않으면 비효가 나타나지 않는다. 인산이 과다 축적되었을 경우 질소의 흡수를 촉진하여 질소과잉 증세를 일으키는데 이를 막을 방법은 없다. 다만 인산이 없는 NK비료나 인산이 적은 복합비료를 사용하거나 단비를 주어야 한다. 대체로 흙에 인산이 1,000ppm 이상이면 인산비료를 시용하지 말고, 500~1,000ppm이면 추천량의 반량을 시용하고, 500ppm이하면 표준량을 시용토록 한다. 인산이 많이 축적되어 있어도 생육초기에 매우 필요한 성분이므로 착근비(着根肥)라 해서 성분량으로 3kg/10a 을 주어야 한다. 이와 같이 흙 속에 인산이 충분히 있어도 착근비를 주는 이유는 흙 속에 있는 인산은 생육초기의 연약한 뿌리로는 흡수하기가 어렵기 때문에 이보다 흡수하기 쉬운 화학비료를 시용하는 것이다. 인산이 결핍되면 잎은 일반적으로 암녹색이 되고, 주변에 흑색의 반점이 생기며, 심할 경우에는 황색으로 된다. 일반적으로 질소가 식물의 성숙을 지연시키는 데 비하여 인산은 촉진시키며, 지상부 생육보다는 뿌리 부분의 비대를 촉진시킨다.

(다) 칼리

칼리는 식물의 생장점, 형성층 및 측근 발생조직과 생식기관이 형성되는 부분에 많이 함유되어 있어 각종 대사작용에 관여한다. 결핍되면 잎 둘레에 갈색반점이 생기고 아랫잎부터 암녹색에서 적갈색의 반점이 생긴다. 특히 질소대사와 탄수화물대사에 이상을 초래한다. 부추는 다른 작물에 비해 칼리 흡수량이 많으며, 기비와 추비로 사용한다. 밑거름을 많이 주면 석회나 마그네슘의 흡수를 상대적으로 감소시켜 결핍증을 일으키므로 초기 자람이 나빠지는 등 오히려 수량이 낮아지는 경우도 있으므로 주의해야 한다. 칼리비료의 종류는 황산칼리, 염화칼리 등 화학비료와 퇴구비, 녹비, 초목회의 칼리 등이 있으며 모두 물에 녹아서 흡수된다.

(라) 석회

석회는 식물체 내를 이동하기 어렵고 주로 잎의 세포막 중에 많이 함유되어 있어 내병성을 증대시키는 역할을 하며 부족하면 생장점과 잎 끝이 마르는 엽선고사 현상을 유발 시킨다. 채소 가운데서 부추는 칼리와 석회를 가장 많이 흡수하는 작물 중의 하나이다. 밭작물 재배에서 석회의 시용으로 중성에 가까운 토양에서는 석회의 시용이 불필요하나 산성이 강한 토양에서는 중화용으로 석회의 시용이 필요하게 되는데, 화학비료를 매년 사용함에 따라 이들 비료가 원인이 되어서 토양 염기의 유실 특히 석회가 토양으로부터 없어지기 때문에 산성토양으로 된다는 생각을 하고 있다. 그러나 여기에 부가해서 부추에 흡수되어서 없어지는 석회가 많다는 것을 생각하지 않으면 안 된다. 석회암지대라도 산도(pH)를 측정해 보고 산성이면 석회를 주어야 한다.

(마) 황

황은 보통 '유황'이라고 하는데 이것은 일본식 이름이고 우리는 예부터 '황'이라 했다. 황은 다량원소의 하나로 작물에 꼭 필요한 성분이다. 황은 필수 아미노산인 시스테인, 시스틴, 메티오닌 등에 함유되어 있고, 단백질대사와 관계가 깊다. 특히 부추의 고유 향미를 내는 부추에서 나는 독특한 냄새는 황 화합물인 황화아릴이 주체로서 그 성분의 하나가 알리신인데, 아미노산을 만들고 광합성에 영향을 주고 맛을 내는 성분이기도 하다.

함유량은 작물에 따라 다르나 대개 0.1~1.0% 범위이며, 십자화과와 백합과의 부추, 마늘, 양파, 파류 등에 비교적 많이 들어있다. 1960년대 이전에는 황산암모늄과 과인산석회 등을 주어 상당량의 황이 공급되었으나 이들 비료가 흙을 산성으로 만든다고 해서 요소와 용성인비 등으로 대체되어 흙에 들어가는 황의 양이 현저히 줄어들었다. 흙 속에 황의 함량이 100ppm 이하면 부족한 것인데 우리나라 논은 전체면적 중 37.9%가, 밭은 66.5%나 황이 부족한 것으로 조사되고 있다. 황을 뿌리는 시기는 파종 1주일 전에 밑거름으로 뿌리는 것이 좋으며, 시용량은 10a(300평)당 5~20kg 정도이다. 황은 뿌리기가 곤란하므로 염화칼리 대신 황이 함유되어 있는 황산칼리를 구입하여 사용하면 작업이 편리한데 10a당 40kg 정도 뿌리면 된다. 흙의 산도(pH)를 측정해 보고 황을 주면 더 좋은 효과를 거둘 수 있다.

(바) 미량요소

매우 적은 양이지만 작물 생육에 없어서는 안 될 원소로 구리, 아연, 붕소, 몰리브덴, 철 등이 있다. 미량요소 결핍증은 작물의 종류에 따라 다르게 나타나는데, 황화현상은 일반적으로 엽록소의 감소나 없어질 경우이며, 오래된 잎부터 나타나는 것과 새로 생장이 왕성한 부분에 나타나는 것이 있다. 전자는 양분의 체내이동이 용이한 부분에 질소, 인산, 칼리, 고토의 결핍증은 생육 초기보다도 어느 정도 생육이 왕성해서 증상이 많이 나타난다. 후자는 석회, 붕소, 철, 망간 등이 식물체내에서 양분의 이동이 곤란하기 때문에 부족할 경우 주로 생장하는 부분에 결핍증이 나타나는 것이다. 고토, 칼리, 질소 결핍은 아랫잎으로부터 나타나는데 질소는 잎 전체가 황화하고 칼리는 잎 주변에서부터, 고토는 엽맥 부분에서 주로 나타난다.

나. 직파재배

직파재배는 경북 포항시, 영일지역, 충북 옥천에서 오래 전부터 재배하고 있는 방법으로 특수한 기후조건과 토양조건을 이용하며, 육묘 이식하지 않고 본포장에 직파하여 노지 또는 하우스에 재배하는 형태로 현재 주로 재배되고 있는 방법이다. 직파재배는 육묘이식에 소요되는 노동력이 절감되고 재배가 용이하다는 장점은 있으나, 종자 소요량이 많고 자연히 밀식하게 되므로 품질이 좋지 않을 수 있는 단점도 있다. 또 밀식된 상태이므로 포기의 노화도 빨리 오는 것도 문제가 된다. 현재 직파재배되고 있는 품종은 재래종과 그린벨트가 있는데 최근에는 거의 그린벨트 대엽종을 심고 있다.

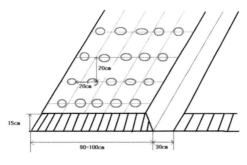

(그림 4-12) 부추 직파상(충북 옥천)

(1) 파종

파종시기는 봄파종은 4월 중순부터 5월 초순까지, 가을파종은 9월에 본포장에 줄뿌림이나 점뿌림으로 직파하여 그대로 재배한다. 이때 파종 3주 전에 미리 300평당 완숙퇴비 5~10톤, 고토석회 200~300kg, 붕사 1.5~3.0kg을 넣어 갈아둔다. 그리고 기비로 요소 30~40kg, 용성인비 150~200kg, 염화칼리 40~50kg을 함께 사용한다. 파종방법은 너비 45cm 이랑에 10cm 간격으로 파종하는 조파방법과 90cm 이랑에 20cm 간격으로 5줄 점파종을 하는 방법이 있는데, 파종폭이 넓으면 관리가 어렵고 부추가 연약해지며 병해의 발생이 많다. 파종량은 300평당 20ℓ 정도가 적당하며 한 구당 7~10개 정도의 부추씨를 파종하면 된다. 최근 많은 부추재배농가가 초기 입모 수 확보 및 수량성을 높이기 위하여 파종량을 30~40L 이상으로 줄뿌림 재배하고 있는데, 이러한 경우 엽폭이 가늘어지고 엽중이 줄어들 뿐만 아니라 비타민 C 함량이 감소하여 품질이 저하된다. 파종량이 적을 경우 초기생육이 많이 할 경우보다 좋지만 후기에는 저하되는 결과를 나타났다. 점뿌림의 경우는 주당 5립 파종이 엽 수와 엽폭이 좋았으나 초장은 적었다.

(표 4-14) 파종량에 따른 부추의 생육상황 (1995, 경북)

파종량 (l/10a)	초장(cm)			엽수(매)			엽폭(cm)	
	6/15	7/15	8/15	6/15	7/15	8/15	7/15	8/15
10	16.1	24.2	32.8	5.2	6.5	6.8	0.37	0.49
20	16.0	28.3	38.9	4.3	5.9	7.0	0.39	0.51
30	16.0	27.4	38.6	4.2	5.3	6.8	0.33	0.41
40	14.9	27.7	39.0	3.5	4.7	6.9	0.32	0.34

* 공시품종 : 그린벨트, 파종기 : 4월 10일

(표 4-15) 부추의 파종방법별 생육상황 (1995, 경북)

파종 방법	파종량	초장(cm)			엽 수(매)			엽폭(cm)	
		6/15	7/15	8/15	6/15	7/15	8/15	7/15	8/15
조파	20ℓ/10a	17.7	30.1	41.4	4.5	5.9	6.5	0.38	0.49
점파	5립/주	13.6	27.4	34.1	4.3	6.8	8.7	0.38	0.51
	10립/주	14.6	27.2	34.6	4.3	5.6	7.8	0.37	0.41
	15립/주	15.7	27.4	37.2	4.4	5.8	7.8	0.38	0.34

* 공시품종 : 그린벨트

(2) 포장관리

수확을 하면서 주변 잡초를 뽑는 것이 효과적이나 노력이 많이 든다. 잡초가 무성하면 부추는 녹아 없어지고 나중에 수확 시 잡초가 섞여 있으면 상품성이 떨어진다. 부추는 잎이 가늘고 수가 많기 때문에 같은 단자엽계 잡초가 혼재해 있으면 수확 시 같이 예취하게 되므로 철저한 제초작업이 필요하다.

알맞은 제초제 처리도 효과적이지만 수확 후 밭이 노출되었을 때 호미로 표층토를 긁어주면서 함께 제초를 하면 좋다. 특히 부추의 근주는 양성기간이 길기 때문에 포장이 굳어지거나 잡초 발생이 심하므로 휴간을 갈아 포기에 흙을 넣어주면 중경 배토 및 제초 작업을 동시에 할 수 있다. 중경제초를 실시하면 토양의 통기성과 빗물 침투를 좋게 하고, 토양의 모세관 상승을 끊어 수분 증발을 막아 건조를 방지한다. 그리고 뿌리가 더욱 활동하기 좋게 부드러운 흙을 포기 사이에 넣어 뿌리 활력을 돕고 양분 흡수를 왕성하게 한다. 따라서 양성 기간 중의 4월 중하순과 9월 상중순 2회 중경제초 하도록 한다. 이때 중경 제초 시 주의할 점은 부추 뿌리가 지표를 향해 퍼지므로 끊어지지 않게 될 수 있으면 얕게 한다.

추비는 수확 후 요소비료를 주는데, 생육이 왕성한 봄과 가을에 시비한다. 여름 고온 시 추비를 하면 부추 뿌리가 비료 장해를 받아 생육을 나쁘게 하므로 3월 또는 5~6월, 9~10월의 2회에 걸쳐 실시하는 것이 좋다. 추비량은 1회에 300 평당 요소 10kg, 염화칼리 5~10kg 정도가 적당하며 시비 방법은 이랑에 주고 반드시 중경을 실시하여 비료의 노출을 방지하는 것이 중요하다. 직파 시 파종량 40l에서 수량이 가장 많았으나 상품화율은 10~20l에서 가장 좋았다.

〈표 4-16〉 부추 직파재배시 파종량에 따른 수량 특성 (1997, 경북)

파종량 (L/10a)	생체수량(kg/10a)			수량 (2년 평균)	상품화율	수량지수
	1회 수확	2회 수확	3회 수확			
10	2,168	2,505	2,243	6,916	94.0	88
20	2,457	2,642	2,323	7,422	92.8	94
30	2,525	2,742	2,289	7,556	80.2	96
40	2,750	2,822	2,295	7,867	72.5	100

(3) 종자 채종

부추는 파종 2년차부터 해마다 8월에 개화, 결실하여 종자를 채종할 수 있다. 채종을 목적으로 할 때는 3~4년생 묘가 가장 좋고 5~6년생은 노화하기 시작하므로 채종에 알맞지 않다. 종자 생산량은 10a당 90~150kg 정도이다. 부추의 자가채종 종자를 다시 이용할 경우 생육 및 수량은 수입종자와 같은 95% 이상의 출현율을 보였으며, 1년차 생육상황 및 수확기간에 차이가 없는 것으로 나타나 추후 자가채종을 이용하면 종자 구입비를 절감할 수 있다.

(표 4-17) 부추 파종방법별 채종량 및 종자특성 (1997, 경북)

파종방법	파종량	채종량(kg/10a)	천립중(g)	정선비율(%)
조파	20l/10a	14.0	4.356	86.5
점파	5립/주	6.8	4.797	92.5
	10립/주	7.4	4.780	82.2
	15립/주	5.5	4.643	85.2

* 공시품종 : 그린벨트, 파종기 : 95년 4월 12일

조파보다는 점파재배 시 채종량이나 천립중이 많고, 점파 시 주당 5립 정도 파종 시 종자 정선비율이 92.5%로 가장 좋았다. 10a당 파종량이 40L에서 입모 수는 많았으나 분얼률이나 추대 수 그리고 화경당 종자 수가 가장 적었다. 분얼율과 화경당 종자 수는 적게 파종 시 가장 좋다. 따라서 부추종자를 채종하기 위해서는 10a당 적정 파종량은 10~20L이다.

(표 4-18) 파종량별 부추의 후기 생육특성 및 1년차 채종량 (1996, 경북)

파종량(l/10a)	m²당 입모수	분얼률(%)	m²당 추대개체 수	화경당 종자 수(개)
10	463	176	59.2	44.4
20	670	157	67.4	29.6
30	1,783	111	16.0	29.4
40	2,335	103	6.5	18.0

* 공시품종 : 그린벨트, 파종기 : 4월 10일

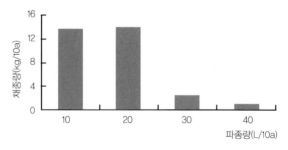

(그림 4-13) 부추종자 파종량과 채종량 관계(1996, 경북)

* 공시품종 : 그린벨트, 파종기 : 4월 10일

03

시설재배기술

부추는 비교적 저온에는 강한 작물이나 서리에는 약하다. 서리가 내려 몇 번 서리에 맞으면 품종에 따라 차이는 있지만 지상부는 말라버리고 지하부만 남게 된다. 거기에 간단한 보온재나 시설을 해 보온재배를 하는 것이 하우스재배이다. 이 작형은 부추재배 중 더욱 생산비와 노력이 드는 작형이나, 주산지인 포항이나 김해지역에서는 무가온 시설재배가 대부분이다.

가. 재배방법

시설하우스재배의 묘 만들기와 포기양성은 노지재배와 같다. 3월 중순경 씨를 뿌려 묘를 만들어 그해 9월 중순 본포에 정식한다. 2년째 포기를 양성기간으로 해 활력 있는 포기를 만드는 방법과 다음해 수확하는 방법이 있다. 봄에 수확을 하려면 3년째(또는 2년째) 들어 1월 하순경 하우스를 설치 보온을 시작하면 2월 상순~4월 하순까지에 4~5회 정도 수확할 수 있다. 수확이 끝나면 하우스 비닐을 제거하고 포기양성에 들어간다. 그와 같이 1년간 양성한다. 4년째(또는 3년째)는 이것을 같은 방식으로 되풀이한다. 가을 하우스재배를 할 때는 3년째(또는 2년째) 의 가을까지는 앞에서와 같이 포기를 양성한다. 10월 중순경 하우스를 설치 10월 하순부터 11월(4~5회 수확) 또는 2~4월까지 수확을 한다. 다음해도 같은 식으로 되풀이한다. 또 노지재배를 하여 수확 후 1년을 쉬게 하며 비배 관리한 포기(묵은 포기)에 하우스를 설치 재배하는 방법도 있다. 어떤 포기를 골라 하우스를 설치해도 충실한 것이 아니면 엽폭이 넓고 수확량이 많은 부추 생산이 되지 않는다. 포기 양성에 있어 충분한 배려가 있을 필요가 있다.

나. 하우스피복

부추의 새로운 포기나 묵은 포기나 상관없이 8개월~1년 양성한 포기는 하우스 피복하는 시기에는 반드시 큰 포기가 된다. 많은 것은 10본을 나눌 수 있다.

(1) 피복시기

가을 피복은 추위가 오면 서리가 오기 시작 할 무렵 10월 중하순이 되면 부추는 생육이 둔하다. 부추잎은 한해를 받으면 품질이 나쁘게 된다. 그래서 10월 중순에 하우스를 피복해 생육을 시키면 피복해 곧 수확에 들어가 11~12월 또는 1~4월까지 수확 할 수 있다. 봄 시설은 12월~2월 상순에 하우스피복을 하여 1~5월에 수확하는 방법이다. 이 시기는 강추위가 오는 시기이므로 종종 부추잎이 동해를 받는 수가 있다. 그러므로 2중 하우스를 하거나 야간에는 하우스 위에 섬피를 덮어 줄 필요가 있다. 일찍 피복하면 휴면 관계로 수량이 낮고 한해를 받기 쉬우므로 주의해야 한다. 잎을 잘 말린 것을 수확 20~25일 전에 행하는 것이 좋다. 피복시기가 너무 늦으면 4월 상순경부터 출하하기 시작하는 노지출하에 맞물려 가격이 떨어질 수 있다. 이런 경우 모처럼 자재를 써 재배한 것이 노력에만 그치는 것이 되어 피복 시기는 그 지방의 시기를 충분히 확인하여 무리 없는 시기를 골라야 한다.

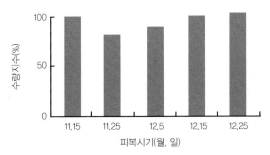

(그림 4-14) 피복시기별 부추 수량지수(1992, 경북)

(2) 비닐피복 작업

(가) 본포 정리

가을 하우스재배는 아직 한해를 받지 않고 생육을 하고 있는 때에 피복하는 것으로 마른 잎 정리 작업이 필요 없으나 정리 작업을 하려면 5cm 정도 남기고 베어낸다. 봄 하우스재배는 이 작업을 반드시 실시해야 한다. 부추는 겨울이 되면 지상부가 말라 버리므로 그대로 피복하면 수확 할 때 마른 잎이 부추에 붙어 단을 묶을 때에 손이 많이 가므로 피복 전에 미리 지표면까지 신중히 마른 잎을 베어낸다. 깨끗이 청소한 후 중경 제초, 추비, 물주기를 실시한다.

(나) 제초 작업

하우스 피복을 하면 온도가 올라가기 때문에 잡초가 급속히 많이 발생하므로 비닐피복 전에 마른 잎을 정리함과 동시에 발생된 잡초를 깨끗이 제거한다. 특히 봄터널은 멀칭을 하거나 따뜻한 관계로 잡초 발생이 가을보다 많기 때문에 손제초 후 제초제를 살포하는 것이 효과가 높다. 적용 약제를 이용해 살포하는 것이 좋다.

(다) 관수 작업

하우스 피복시기는 건조한 시기에다가 그 뒤에 비닐피복하므로 빗물이 들어가지 않으므로 제초제 살포 전에 충분한 물주기를 스프링클러를 이용하여 실시하고 비닐을 피복한다. 건조한 시기에는 스프링클러를 설치하여 관수를 하고, 수확횟수를 늘리면 잎 폭은 좁고, 엽이 얇아지므로 관수를 하거나 액비를 이용한 관수를 같이 하면 효과적이다.

(3) 터널 만드는 법

(가) 비닐피복

하우스에는 소형, 중형, 대형, 2중 등 다양한 터널이 있다. 시기에 따라 대·소터널을 나누어 사용하거나 병행하기도 한다. 소형터널은 폭 180cm의 비닐을 사용 4이랑을 피복하는 방법으로 대형하우스 내에 2중터널을 설치할 때 사용하는 형이다. 중형은 폭 270cm의 비닐을 사용 5이랑을 피복하는 것으로 재배관리 면에서 좋고 바람에 대해서도 강한 형이다. 이 형태의 터널은 일반에는 봄터널에 이용되고 있다.

대형하우스는 폭 540cm 이상의 하우스이다. 특히 가을터널의 말기 다시 말하면 11월 하순~12월 상순 또는 1월 상순부터 일찍 터널재배를 하려고 할 때 이용된다. 이 대형하우스는 하우스재배 기간에도 특히 추운 시기에 소형과 병행하여 이중피복으로 보온효과를 같이 높이기 위하여 사용한다. 이중피복의 순서는 부추일 때 보통 가을터널은 대형하우스를 피복해 추위가 심한 12월경부터 그 속에 소형터널을 설치한다. 강추위 시는 소형터널 위에 섬피를 덮어 보온을 한다. 다음에 봄터널에는 추위가 한창인 1월 하순~2월에 대·소터널을 병행하여 따뜻한 3월에 들어서면 소형터널은 제거한다.

환기방법은 천정환기법과 측면환기법의 2가지 방법이 있다. 천정환기법은 지온을 낮추는 일이 없이 환기를 할 수 있으나, 측면환기법은 환기와 동시에 지온을 낮추는 결점이 있다.

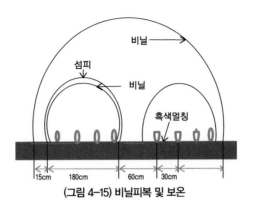

(그림 4-15) 비닐피복 및 보온

다. 비닐피복 후의 관리

(1) 비닐멀칭

멀칭을 하면 지온이 높아져 뿌리의 발육이 촉진되며 초기 생육이 왕성해 초기 수량이 많다. 또한 토양 수분의 증발을 막아 토양 건조를 막는다. 또 터널 내부는 다습하기 쉬운데, 멀칭을 하면 터널 내부가 건조해서 부추는 건전하게 자란다. 멀칭을 하지 않는 것 보다 5~7일 일찍 수확할 수가 있다. 또 터널 내가 건조하므로 병해의 피해를 받는 것도 적다. 따라서 관수 및 비배관리, 병해방제 등 노력이 경감된다. 멀칭은 비닐 또는 폴리에틸렌 등을 사용하고 있다.

(2) 온도 및 보온관리

터널재배에서 낮에 하는 관리로 보온과 환기를 들 수 있다. 특히 추위가 심한 1월 하순~2월 하순까지는 터널 내부는 한낮에는 30℃ 전후가 되나 야간에는 제법 온도가 낮아진다. 그 때문에 부추가 동해를 받거나 온도의 급변에 따라 잎이 황색이 되는 것이 많다. 따라서 이 기간의 재배에는 섬피를 덮어 보온한다. 특히 온도교차를 최소한 유지하는 것이 중요하며 시설 내 온도를 최저 5℃ 이상 유지한다.

(표 4-19) 부추 차광정도별 생육 및 수량 (1991. 경북)

구분	조도(Lux) 10월 5일	생육			수량 (g/m²)	수량 지수	화경출현률 (%)
		초장 (cm)	엽폭 (mm)	분얼 수 (개)			
무처리	69,000	21.4	4.8	19.9	2,286	100	100.0
1겹 피복	30,000	21.8	4.8	17.7	2,430	106	62.5
2겹 피복	8,700	21.6	3.2	7.9	822	36	-

* 차광망 : 흑색 60% 차광망, 차광높이 : 1m, 차광처리일 : 5월 21일

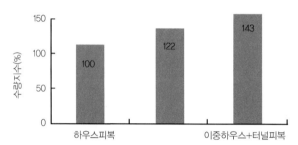

(그림 4-16) 부추 시설재배 시 피복 정도별 수량지수(1992, 경북)

일반적으로 2월은 환기를 할 필요가 없이 밀폐상태로 해도 좋다. 그러나 야간에 기온 급강하로 저온일 경우 섬피를 덮어주는 것이 중요하다. 3월 중순이 되면 한낮의 터널 내는 40℃가 넘을 때도 종종 있으므로 이럴 때는 20℃ 전후가 되도록 환기를 실시한다. 이와 같이 하면 잎이 두텁고, 색도 잘 나고, 도장, 연약이 되지 않게 된다. 부추는 급격한 온도변화를 싫어하므로 이와 같은 때에 품질이 아주 나쁘게 되는 원인이 된다. 또 터널 포장 주위에는 방풍벽을 설치하는 것도 매우 중요하다. 생육 초기에는 이중하우스+터널피복이 좋았으며, 수량과 소득 면에서 다른 처리구보다 우수하였다. 피복은 1겹 차광에서 생육이 좋았다. 수량에 있어 이중하우스+터널피복이 43% 증수되었다.

(표 4-20) 부추 무가온 하우스재배시 처리별 생육상황 (1991. 경북)

구분	초장(cm)				엽폭(mm)				분얼 수(개/주)			
	2.16	3.17	4.1	5.8	2.16	3.17	4.1	5.8	2.16	3.17	4.1	5.8
하우스피복	−	27.3	31.9	30.6	−	6.5	7.2	7.5	−	13.7	13.7	14.5
이중하우스	−	34.5	33.8	29.4	−	7.3	6.5	7.6	−	12.3	12.3	14.7
이중하우스 + 턴넬피복	35.7	40.5	36.3	28.8	7.1	7.6	6.0	7.4	11.9	11.9	10.4	14.5

* 비닐피복시기 : 하우스 11월 7일, 이중하우스+터널피복 12월 5일

(표 4-21) 보온방법별 부추 수량 (1992, 경북)

구분	시기별수량(kg/10a)				
	12월 16일	3. 17	4. 1	5. 8	계
하우스피복	−	455.4	512.6	1,291.4	2,259.4
이중하우스	−	924.0	528.0	1,298.0	2,750.0
이중하우스 + 턴넬피복	719.4	776.6	440.0	1,282.6	3,218.6

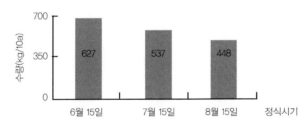

(그림 4-17) 시설부추 재배시 정식시기별 전조처리 효과(1995, 경기)

라. 특수재배

(1) 연화재배

연화재배를 위해서는 하절기에는 50% 차광이 가장 좋으며 겨울 동안에는 20% 부직포 막 덮기가 유리하다. 복토 깊이는 2cm 복토가 생육 및 수량이 양호하고 상품성도 좋았고, 복토재료로는 왕겨와 모래가 가장 좋았다. 복토는 왕겨, 모래에서 초장 및 연화정도가 길었고, 엽 수는 무처리에서 가장 많았으며 주당 수량은 왕겨 피복이 가장 많았으며, 톱밥은 생육과 수량이 저조하였다.

(표 4-22) 복토재료별 생육 및 연화정도 (1991, 경북)

처리명	초장 (cm)	엽수 (매)	연화정도 (cm)	주당 수량(g)		
				연화부	녹색부	계
무처리	34	4.3	0	0	71	71
왕겨	41	2.6	9.1	30	58	88
모래	41	3.6	8.5	33	52	85
톱밥	17	2.0	7.7	18	23	41

* 복토시기 및 깊이 : 1차(12월 상순, 3cm), 2차(3월 7일, 12cm)

(2) 전조재배

시설하우스 부추재배 시 휴면을 타파하여 수확시기를 연장하기 위하여 전조재배를 하는 농가가 증가하고 있다. 전조처리는 11월부터 매일 23:00~02:00까지 지상 1m 높이에 2평당 200W 전구 1개씩 설치하여 정식시기별 생육 및 수량을 비교해 본 결과 6월 15일 정식구에서 생육과 수량이 가장 좋았으며, 가온처리구보다 전조 +가온처리구에서 양호하였다. 그러나 8월 15일에 정식한 처리구는 수량도 적고 생육도 좋지 않았다. 따라서 비닐하우스재배 시 정식을 빨리하는 것이 유리하며 일장이 짧아지는 11월 이후에 전조등을 설치하여 가온을 하면 일장연장과 적당한 온도에 의해 생육이 촉진되고 수량을 더 올릴 수 있다.

(표 4-23) 시설부추 재배 시 전조처리 및 가온에 의한 생육상황 (경기 양주)

| 처리 | | 생육상황 | | | | 수량 (kg/10a) |
주구	세구	초장(cm)	엽 수(매)	경 수(개/주)	생체중(g/주)	
6. 15 정식	전조처리+가온	25.3	2.7	24.0	19.0	627.0
	가온	24.5	2.5	17.0	18.4	607.2
7. 15 정식	전조처리+가온	23.5	2.5	18.0	16.3	537.9
	가온	22.0	2.0	15.0	15.2	501.6
8. 15 정식	전조처리+가온	19.5	2.3	14.0	13.6	448.8
	가온	19.0	2.1	12.0	12.2	402.6

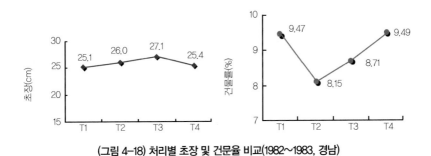

(그림 4-18) 처리별 초장 및 건문율 비교(1982~1983, 경남)

(3) 양액 재배

경남농촌진흥원에서 부추를 보다 위생적으로 생산하고 아울러 수량을 증가시킬 수 있는 재배법을 개발하기 위하여 동계 무가온하우스에서 양액재배 가능성을 검토했다. 관행재배(T_1)와 양액재배의 배양액 농도를 표준액의 1/2로 한 것(T_2), 표준액으로 한 것(T_3), 표준액의 1.5배로 한 것(T_4)으로 구분 처리하여 부추의 생육과 수량을 비교 검토하였으며 표준액의 조성 및 무기염류의 농도는 일본원시 표준액(Evans, 堀 및 武川이 제시한 처방)에 준하였다.

(표 4-24) 배양액의 조성 및 무기염류 농도 (일본표준액)

무기염류	사용량(g/1,000L)
KNO₃	810
Ca(NO₃)₂ · 4H₂O	950
MgSO₄ · 7H2O	500
NH₄H₂PO₄	155
H₃BO₃	30
MnSO₄ · 7H₂O	20
ZnSO₄ · 7H₂O	2.2
CuSO₄ · 5H₂O	0.5
Na₂MoO₄	0.2
Fe-EDTA	2.5

Ca	Mg	K	NO₃	PO₄	SO₄	Fe	B	Mn	Zn	Cu	Mo	ppm
160	48	312	224	40	64	3	0.5	0.5	0.05	0.02	0.01	

(표 4-25) 부추 표준양액 재배시 재식거리별 생육 및 수량 (1983, 경남)

재식거리 (cm)	초장 (cm)	엽폭 (mm)	분얼 수		건문률 (%)	주당수량 (g)	10a 수량 (kg)
			본/주	본/m²			
30×15	20.8	4.3	30.2	289.9	11.1	89.6	856.1
25×15	20.1	4.1	29.4	338.1	11.0	79.9	916.1
20×15	21.1	3.9	27.9	399.0	11.0	75.4	1,080.7
15×15	20.7	3.7	25.6	489.0	10.6	68.0	1,299.5
20×10	20.1	3.7	20.3	436.5	11.2	61.5	1,322.3
15×10	20.6	4.0	21.1	605.6	10.3	55.4	1,588.1

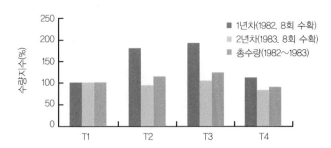

(그림 4-19) 부추 양액 재배시 처리별 수량(1983, 경남)

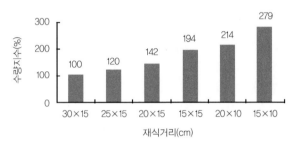

(그림 4-20) 부추 양액 재배시 재식거리별 수량(1983, 경남)

chapter 5

병해충 및
생리장해

01 병해충 진단 및 방제기술

02 생리장해 원인과 대책

01

병해충 진단 및 방제기술

그린벨트 품종을 10월 하순에 비닐하우스 내에 정식하여 이듬해 6월 말일까지 수량조사(1년차)하고, 그 이후에는 뿌리의 양분축적에 유리하도록 지상부를 수확하지 않고 관리하여 9월 말경에 지상부를 제거한 다음 10월부터 이듬해 6월 말일까지의 수량(2년차)을 조사하였다. 관행재배에 비하여 양액재배에서 분얼이 촉진되었으며, 배양액의 농도 간에는 표준액에서 현저하게 증가되었고, 엽폭은 각 처리 공히 2년차 1, 2회 수확시까지는 점차적으로 증가하였으나, 그 이후에는 점차적인 감소를 보였고 처리간에는 관행재배에 비하여 양액재배에서 엽폭이 좁은 경향이었다.

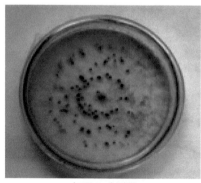

(그림 5-1) 균핵

(그림 5-2) 포자 및 분생자경

가. 병해

(1) 부추잿빛곰팡이병(Chinese chive gray mold, *Botrytis squamosa Walk,Botrytis cinerea*)

초장은 관행보다 표준액에서 약간 좋았으나, 건문율은 표준액과 표준액 1/2 처리구에서 관행보다 현저히 적었다. 수량은 관행재배에 비하여 양액재배의 표준액과 표준액의 1/2에서 각각 81%, 92% 증가하였으나, 2년차에는 관행재배에 비하여 양액재배의 표준액은 4% 증가된 반면 표준액의 1/2과 표준액의 1.5배는 오히려 감소하는 경향을 보여 총수량은 관행재배에 비하여 양액재배의 표준액과 표준액의 1/2에서 각각 23%, 13% 증가되었고, 표준액의 1.5배는 오히려 12% 감소하는 결과를 보였다. 한편 경제성에 있어서는 관행재배에 비하여 양액재배의 표준액과 표준액의 ½에서 각각 2%, 16% 정도 소득이 높게 나타났다. 부추의 양액재배는 관행재배에 비하여 증수효과가 기대되며, 배양액의 농도는 표준액의 1/2에 비하여 표준액이 소득은 낮았다. 따라서 금후 양액재배용 비료가 싼 값으로 공급되면 표준액으로 재배하는 것이 수량과 품질 면에서 유리 할 것이다.

(표 5-1) 부추 10a당 관행재배와 양액재배시 경제성 비교 (1982~1983, 경남)

처리명	수량 (kg)	조수익 (원)	경영비 (원)	소득 (원)	지수
관행재배	2985.6	954,379	322,173	632,206	100
양액재배					
표준액의 1/2	3365.5	1,251,708	520,354	731,354	116
표준액	3681.9	1,374,051	731,475	642,576	102
표준액의 1.5배	2626.1	975,605	942,596	33,009	5

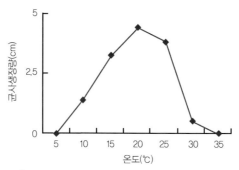

(그림 5-3) 부추잿빛곰팡이균의 온도별 균사생장량 비교(1993, 충북)

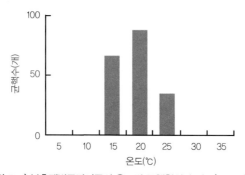

(그림 5-4) 부추잿빛곰팡이균의 온도별 균핵형성량 비교(1993, 충북)

부추의 주요 병해로는 부추잿빛곰팡이병, 엽고병, 엽부병, 녹병, 시듦병, 잘록병 등이 있으며, 이들 병해는 재배기간 중의 기온, 강우, 일조에 따라서 발병률도 좌우된다. 특히 부추잿빛곰팡이병은 부추재배지에서 가장 문제가 되는 병해로 기상요인인 강우량, 강우일수 그리고 평균기온에 의해 발병이 되어 상품성 및 수량에 큰 영향을 미치는 병해이다.

(표 5-2) 부추의 주요 병해 및 발병정도 (1993~1994. 충북)

해충명	학명	주 발생 시기	발병 정도
잿빛곰팡이병	*Botrytis squamosa*	3~10	+++
보트리스 시네라	*Botrytis cinerea*	6~7	++
엽고병	*Septoria alliacea*	4~9	++
엽부병	*Rhizoctonia solani*	7~9	++
녹병	*Puccinia allii*	4~6	+
흰잎마름병	*Bortytis byssoidea*	4~9	++
잘록병	*Thanatephorus cucumeris*	4~5	+
시듦병	*Fusarium oxysporum*	6~9	+
위축병 CcYDV	*Chinese chive yellow dwarf virus(CcYDV)*	4~6	+

* +++ 심함 ++ 중간+ 적음

(가) 균학적 특징

부추잿빛곰팡이병에 이병된 부추잎을 채취하여 병원균을 분리한 결과 보트리티스(Botrytis)속의 병원균을 분리하였고, 분리된 병원균을 배양하여 동정한 결과 보트리스 스쿠아모사(Botrytis squamosa)로 동정되었다.

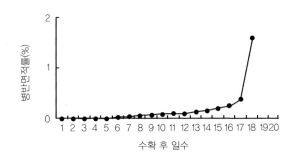

(그림 5-5) 부추재배지에서 수확 후 병반면적률 증가 추이(1993, 충북)

배지상에서 병원균의 균사생장온도는 5~30℃이며, 적온은 20℃이다. 균핵형성온도는 10~25℃이며, 적온은 20℃이고, 포자형성온도는 15~20℃로 포자발아적온은15℃이다. 균사의 색깔은 무색내지는담갈색이며, 분생포자모양은 단포자로 난형내지는 타원형으로 그 크기는 16.0~24.0um×12.0~17.0um(평균

20.2×14.1um)이며, 이 포자는 같은 보트리티스속에서 가장 큰 것이 특징이다. 또한 분생자경은 분지가 적고 그 크기는 490~1,450um×13.0~23.0um, 격막이 1~2개가 있으며, 분지는 주름관을 형성하며, 부착기 위에 포자를 형성하는 것이 특징이다. 균핵은 흑색으로 편평한 공 모양으로, 그 크기는 1.0~3.4×0.8~2.2mm로 건조한 균핵의 무게는 0.1~0.2mg(평균 0.14mg) 정도였다.

배양기별 균사생장은 PDA에서 가장 좋은 생장을 보였다. 균핵 형성에 적합한 온도는 10~25℃이며, 20℃에서 가장 많은 형성을 보였다. 또한 20℃에서 일일 균핵형성 정도는 배양 6일부터 형성되기 시작하여 10일후에 가장 많이 형성되었으며, 그 후에는 급격히 감소되었다. 포자는 균핵이 형성한 후 10일 이후에 균핵 위에 형성하였으며, 포자형성온도는 15~25℃였고, 발아적온은 15℃였다.

(나) 병징

부추잿빛곰팡이병의 병징은 부추잎 중간부위에 원형 내지는 타원형의 회백색의 반점이 흩어져 형성되며 병반이 점차 커지면서 부추수확단계에 이르면 부추잎이 수침상으로 말라죽는다. 이병된 부추잎에 흩어진 병반은 소형이 0.5~2.0×0.2~0.7mm이고, 중형은 2.1~4.5×0.8~3.0mm, 대형은 4.6~12.0×3.1~5.0mm이었다.

(표 5-3) 부추잿빛곰팡이병에 이병된 병반 크기별 비교 (1993, 충북)

병반 크기	길이(mm)		폭(mm)	
	평균±표준편차	범위	평균±표준편차	범위
소형	1.38±0.46	0.5~2.0	0.5±0.12	0.2~0.7
중형	3.32±0.67	2.1~4.5	1.84±0.76	0.8~3.0
대형	8.22±2.45	4.6~12.0	3.91±0.62	3.1~5.0

(다) 발생소장

1992년부터 1994년까지 3년간 충북 옥천지역에서 노지부추 주재배시기에
발생되는 부추잿빛곰팡이병에 대한 연도별, 시기별 발생조사 결과 평균기온이
낮고 강우량이 많아 저온 다습했던 1993년에는 5월부터 9월까지 83% 이상의 높은
이병률을 보였다. 평균기온이 높고 강수량이 적어 고온건조했던 1994년도에는
40% 이하의 낮은 이병률을 보였고 부추의 생육도 매우 저조하였다. 따라서 부추
잿빛곰팡이병 발생과 기상요인인 강우와 온도는 밀접한 관계를 가지고 있다.
비닐하우스재배에서는 부추가 월동을 한 후 5℃ 이상이 되면 생육을 시작하는데
잿빛곰팡이병 발생은 하우스 내의 기온상승에 의해 2월 하순부터 발생하기
시작하여 하우스비닐을 제거하는 6월까지 발생을 보였다. 시설하우스 내에서는
주로 3~4월에 발생이 많아 피해가 컸다. 이시기에는 환기작업을 철저히 하고
발병초에 약제를 살포하는 것이 효과적이라 생각된다. 농약을 살포하지 않은
부추재배포장에서 잿빛곰팡이병에 걸린 부추잎의 병반을 육안으로 관찰하면서
매일 병반면적률을 조사한 결과, 부추 수확 후 5~6일부터 병반이 관찰되었는데
그 후 부추생육이 진행되면서 병반 수가 늘어나고 크기도 변화하였다. 부추를
수확하려면 18~20일 정도가 소요되는데 부추생육의 진행과 비례하여 병반면적률도
증가하였다. 수확 16일 후부터 급격히 병반면적률이 증가하여 수확 직전인 21
일째에는 평균 병반면적율이 약 2.8%까지 올라가 부추 수확 시 상품성이 매우
떨어져 재배농민들에게 큰 타격을 주었다. 부추는 병반면적률이 0.5% 이상이
되면 상품성이 크게 떨어진다.

(라) 기상과 발생관계

1992년부터 1994년까지 3년간 충북 옥천지역의 기상요인을 4월부터 8월까지
연평균으로 분석하였다. 부추잿빛곰팡이병 발생과의 상관관계를 보면, 평균기온은
1992년과 1993년도는 18.5℃로 같았으나, 1994년도 20.5℃로 전년 평균보다
2.4℃가 높았다. 연평균 강우량도 1992년도 90.7mm, 1993년도 209.7mm,
1994년도 69.0mm로 이상저온이었던 1993년도에 월등히 강우량이 많았고,
이상고온이었던 1994년도에는 강우량이 극히 적었다. 또한 연평균 강우일수도
상당한 차이를 보여, 강우량이 많았던 1993년도는 연평균 13.0일로 1994년도보다
6.4일이 많았다.

연평균 일조시간도 강우량이 많았던 1993년도에는 57.8시간이었으나, 강우량이 적었던 1994년도에는 79.2시간으로 21.4시간이 많았다. 부추잿빛곰팡이병 발생과 강우량, 강우일수의 관계는 거의 정의 상관을 보였고, 평균기온은 부의상관을 보였다. 그러나 일조시간과의 유의차는 없었다. 발병의 다소는 1월의 강우일수, 일조시간, 4~5월 강우와 상관 유의성을 가지며 겨울부터 봄까지 온난다우한 해에 발병이 많다고 하였고, 저기압 전선이 통과한 후 다발생한다고 하였다. 따라서 부추잿빛곰팡이병 발생은 강우일수 〉 강우량 〉 평균기온 순으로 관여하는 것으로 나타났다.

〈표 5-4〉 기상과 부추잿빛곰팡이병 발생과의 관계 (1994, 충북)

기상요인	1992	1993	1994	관계식
강우량(mm)	124.1	243.5	80.4	Y=0.007x−0.586(r=0.977*)
강우일수(일)	6.4	13.0	6.6	Y=0.163x−0.937(r=0.997**)
평균기온(℃)	20.7	19.1	21.5	Y=−0.481x+10.307(r=−0.96*)
일조시간(시간)	66.8	57.8	79.2	Y=−0.048x+3.743(r=−0.844)
병반면적률(%)	0.15	1.18	0.09	

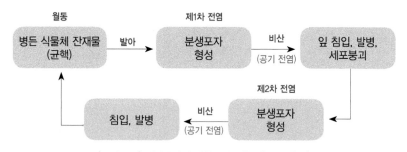

(그림 5-6) 잿빛곰팡이 병원균의 생활사(1994, 충북)

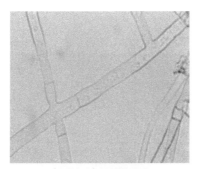

(그림 5-7) 엽부병 균사

(마) 방제대책

부추(그린벨트)의 잿빛곰팡이병 방제효과 시험결과는 (그림 5-8)과 같다. 공시약제 모두 발병 직전인 수확 3일 후에 약제처리를 하였을 때(부추는 한 번 심어 3~4년 동안 수확하는데 연간 7~10회 정도 수확하므로 수확 후 다시 자라 나오는 부추에 병이 발생하면 그때 약제처리를 하면 된다)나 발병초기인 수확 5일 후에 방제했을 때나 약제 간 유의차 없이 81.6~88.6%의 높은 방제효과를 보였다. 7일후 약제 방제 시에도 80.3% 이상 방제효과를 보였으나, 10일후 방제 시는 70.6~74.0%의 낮은 방제효과를 보였다.

현재 국내에 고시되어 있는 부추잿빛곰팡이병 방제농약의 사용법은 부록을 참고한다. 중요한 것은 사용적기를 지켜서 사용하되 한 약제만 계속 쓰지 말고 적용약제들을 돌려가며 사용하는 것이다. 특히 안전사용기준은 꼭 지켜서 사용해야 한다. 또한 부추를 재배하기 전에 알맞은 토양조건을 갖춘 적지를 선정하고, 시비와 배수관리 등을 철저히 하며, 재배포장은 청결히 한다. 특히 병에 걸린 부추잎을 주변에 방치하지 말고 매몰하거나 소각하여 전염원을 막는 것이 중요하다. 비닐하우스 재배 시에는 환기작업을 자주하는 것이 무엇보다 중요하다.

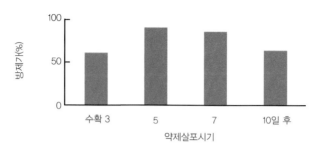

(그림 5-8) 약제처리시기별 부추잿빛곰팡이병 방제효과(1993~1994, 충북)

(2) 엽고병

(가) 병징
부추잎에 암록색내지 회백색의 장방형내지는 불규칙한 병반을 형성하는데 진전되면서 회갈색내지 갈색으로 변하여 말라죽는다. 잎 끝에 발생되면 잎이 뒤틀리어 꺾인다. 고사시 병반위에 검은색 작은 입자를 형성한다.

(나) 병원체
엽고병의 병원균(*Septoria alliacea*)은 피해식물에서 병자각으로 월동하며 봄에 병포자로 비산하여 공기 전염하는데, 봄과 가을에 강우가 많은 해에 많이 발생한다. 이 병포자의 발아온도는 18~20℃이다.

(다) 발병
충북 옥천지역에서는 4월 하순부터 발생되는데 피해엽률은 15.7~31.0%로 6월에 가장 많았다.

(라) 방제
국내 고시된 약제는 아직 없다.

(3) 엽부병

(가) 병증
병징은 지제부의 외측엽 기부에 수침상의 병반을 형성하면서 잎을 부패시켜 말라죽게 한다.

(나) 병원체
균사(*Rhizoctonia solani*)의 생장온도는 10~37℃이며, 적온은 27~30℃이다. 피해엽률은 7.0~27.0%으로 8월 하순에서 9월에 피해가 컸다. 본균을 일으키는 R. 솔라니 (*R. solani*)의 생육적온은 PDA배지상에서 10~37℃에 생장을 확인하였으며, 최적 생장온도는 30℃부근이었다.
균사의 생장량은 30℃에서 18.3mm이었다. 본 병원균을 엽기부에 접종 및 토양혼입법에 의한 병원성 검토결과 모두 100% 발병하였으며, 파속작물인 파와 양파에서도 95% 이상 발병을 보여 병원성을 확인하였다.

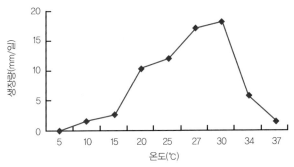

(그림 5-9) 부추 엽부병 병원균의 온도 영향

(다) 발병
발병은 노지부추재배지의 고온에 따른 가뭄기인 8월 상순부터 9월 하순에 피해가 크며 강우와 태풍 후에 발생이 많은 경향이다. 그 후 기온이 떨어지는 10월 이후에 발생이 줄어든다.

(라) 방제

고온 건조한 상태에서 발병이 되므로 건조 시 관수를 충분히 하고, 시설 내에서는 환기 및 관수작업을 철저히 하여 부추생육을 건강하게 관리하여야 한다. 아직 국내에서 고시된 약제는 없지만 부추재배지에서 문제가 되고 있기 때문에 약제선발이 선행되어야 할 것이다.

(4) 녹병(Rust)

(가) 병증

처음에는 잎에 융기된 아주 작은 등황색 병반으로 나타나고, 진전되면 병반주위가 회갈색으로 변한다. 점차 시간이 지나면 융기된 병반부가 파열되어 등황색가루 (하포자)가 형성된다. 후에 융기된 부분이 흑갈색(동포자층)으로 변한다. 심한 포장은 병든 잎이 황백색으로 변해 말라죽는다.

(나) 병원체

녹병의 병원체(*Puccinia allii(de Candolle)* Rudolp.)는 진균계의 담자균문에 속하며, 동포자와 하포자를 형성한다. 동포자는 곤봉상의 장타원형으로 담갈색 2 세포로 되어 있으며, 크기는 40~60×~20um이다. 하포자는 구형 또는 난형으로 단세포로 되어 있으며, 크기는 25~35×20~30um이다. 하포자의 발아 온도는 9~18℃이다. 이 균은 순활물기생균으로 인공배양이 불가능하다.

(다) 발병

병든 부위에서 하포자나 동포자 형태로 월동하여 다음해 1차 전염원이 된다. 봄과 가을에 저온이 계속되고, 비가 많이 오면 심하게 발생한다. 해에 따라 발병 정도가 다르며, 비료분이 부족하여 쇠약해지면 발생이 심해진다.

(라) 방제

수확 후 발병된 포장내의 식물체는 일찍 제거하고 이병 잔재물을 깨끗이 제거하여야 하며, 비료분이 부족하지 않도록 충분한 추비사용과 균형시비를 하여 후기생육을 양호하게 관리하여야 한다. 해마다 발병이 심한 포장은 파속 이외의 작물로 윤작한다.

(5) 잘록병(Damping-off)

(가) 병증
유묘기에 잘록증상으로 나타나며, 병든 묘는 잘 쓰러지고 말라죽는다.

(나) 병원체
이 병의 병원체(*Thanatephorus cucumeris* (Frank) Donk)는 무성세대(*Rhio-zoctonia solani Khn*)이다.

(다) 발병
병원균의 균사융합군은 Ag-4으로 부추 파종 후 파종상에서 고온과 다습조건에서 발병되며, 토양의 산도에 따라서도 발병될 수 있다.

(라) 방제
병 발생이 심한 포장은 다른 비기주작물과 돌려짓기를 하는 것이 좋으며, 포장의 토양이 다습(多濕)하지 않도록 관리하여야 한다.

(6) 흰잎마름병(Leaf blight)

(가) 병증상
잎에 흰 소형 병반이 분산되어 점점이 나타난다. 진전되면 잎 전체가 방추형 내지 부정형의 흰 병반으로 확대되며, 심하면 잎 끝부분부터 마르기 시작하여 포장 전체가 하얀색으로 보인다.

(나) 병원체
흰잎마름병의 병원체(*Bortytis byssoidea Walk.*)는 진균계의 불완전균에 속하며, 분생포자와 균핵을 형성한다. 분생포자는 무색으로 단세포 원형 내지 타원형이며,

크기는 10~18×7~10u이다. 균핵은 흑색이며 소형으로 대부분 직경이 0.2mm
이하이다.

(다) 발병
병든 식물체의 잔재(殘宰)에 형성된 균핵으로 월동하고, 월동된 균핵에서 분생포
자가 형성되어 1차 전염원이 된다. 이 병은 시설재배 시 피해가 크며, 노지에서는
4~9월에 강우일수가 많으면 심하게 발생한다. 밀식하거나 질소질비료의 과잉으
로 잎이 무성하면 병 발생이 많아진다.

(라) 방제
부추재배기간 중 질소질비료의 과용을 하지 말아야 하며, 밀식하지 말고 포장
내 통풍이 잘 되게 한다.

(7) 시듦병(*Fusarium* basal rot)

(가) 병증
전 생육기에 발생하며, 초기에는 잎이 구부러지고 황화되는데 잎 끝에서 아래로
진전된다. 병이 심하면 잎이 오그라들면서 썩거나 마른다. 감염된 포기의 뿌리는
부패되거나 생육이 부진하여 쉽게 뽑힌다. 병든 뿌리는 암갈색을 띠며 납작하고
투명하게 보이기도 한다. 환경이 적당하면 병원균의 균체가 뿌리 주변에서
관찰되기도 한다.

(나) 병원체
시듦병의 병원균(*Fusarium oxysporum* Schlecht. : Fr. f. sp. *cepae* (Hanz.)
Snyder & Hans.)는 토양을 통해 전염한다.

(다) 발병
이 병은 토양전염성 병해로 병원균은 토양에 널리 분포하며, 주로 후막포자
상태로 월동한다. 토양 온도가 15℃ 이하일 때는 발병하지 않고 25~28℃에서 잘
발생한다. 수확 전에 비가 오고 포장이 과습해지면 쉽게 감염이 된다. 뿌리에 작은

곤충 등에 의해 상처가 생기면 병원균의 침입이 조장되고, 발병 이후에 이차적으로 곤충이 침해하게 되면 부패는 더욱 심화된다. 물로 이동되는 거리는 매우 짧고, 주로 흙 입자에 묻혀 농기구나 사람 등을 통해 먼 거리로 이동되며 감염된 인편을 통해 넓은 지역으로 퍼진다. 서늘한 지방에서는 병 발생이 적고 감염되어도 병증상이 잘 나타나지 않는다. 도시 근교의 시설 연작지에서 병 발생이 많으며 포장에서는 건전하게 보이는 겨울에도 수송이나 저장 중에 발병되기도 한다.

(라) 방제
부추는 직파나 이식재배할 경우 4년 이상 대부분 연작을 하는데 이때 이 병 발생이 증가하게 되기 때문에 연작을 피하고, 병 발생이 심한 토양은 5년 이상 돌려짓기를 해야 한다. 정식 전 토양검정을 통한 석회사용으로 토양 산도를 pH 6.5~7.0 맞추고, 토양선충이나 토양 미소동물에 의해 뿌리에 상처가 나지 않도록 한다. 또한 미숙퇴비 사용을 금하고, 토양 내 염류 농도가 높지 않게 주의하여야 하며, 토양을 장기간 담수하거나 태양열 소독을 하여 병원균의 밀도를 낮출 수 있도록 포장관리를 해야 한다.

(8) 위축병(CcYDV)

(가) 병징
부추잎 모양이 모자이크 증상을 보이며, 엽신장이 불량하고, 부추포기는 위축되기 때문에 수량과 품질이 저하된다.

(나) 병원체
위축병의 병원체는 'Chinese chive yellow dwarf virus'이다.

(다) 발병
노지에서 복숭아혹진딧물의 유시충이 매개하여 발생되며, 전염 시기는 명확하지 않지만 4월 하순~6월 상순, 8~9월에 비래시기로 추정된다. 부추를 기주로하는 파혹진딧물의 매개능력과 부추 외 전염원 식물에서는 구명되지 않았다. 본 병은 하우스재배에 비해 노지재배에서 피해가 현저하게 나타나며, 재배 후 발생은 매년 증가하고, 정식 3년 후에는 전체 발병할 수도 있다.

(라) 방제
육묘상은 부추밭 가까운 곳에 설치하지 말고, 발생이 많은 지역에서는 진딧물
유시충이 비래하는 시기에 망사를 씌워 피복을 하여야 한다. 다발생하는
지역에서는 정식을 일찍 하고 진딧물방제를 철저히 하는 것이 좋다.

나. 해충

부추재배지에서 주로 발생되어 피해를 주는 해충은 파좀나방, 파잎벌레,
파혹진딧물, 뿌리응애, 파총채벌레, 파굴파리, 파밤나방 그리고 달팽이류
등이며, 해충발생으로 부추잎과 뿌리를 가해하여 상품성이나 수량에 직접적인
피해를 주거나 토양해충의 피해로 연작장해를 일으켜 재배지역에서 많은 피해를
유발시키고 있다. 이들 해충은 기상조건에 따라 발생량에 차이를 보이며, 발생
시 부추잎을 가해하기 때문에 상품성이 떨어져 재배농민들에게 많은 어려움을
주고 있다.

(표 5-5) 부추의 주요 해충 및 피해정도 (1993, 충북)

해충명	학명	주 발생 시기	피해 정도	가해 충태
파잎벌레	galeruca extensa	4~6월	+	유충
파좀나방	Acrolepiopsis sapporensis	4~9	++	유충
파혹진딧물	Neotoxoptera formosans	5~9	+	약 · 성충
부추뿌리응애	Rhizoglyphus exhinopus	5~7	++	약 · 성충
파총채벌레	Thrips tabaci	5~9	+	유 · 성충
들민달팽이	Deroceras varians	2~6	++	유 · 성충
명주달팽이	Acusta despecta	3~7	+	유 · 성충
파굴파리	Liromyza chinensis	4~6	++	유충
파밤나방	Spodoptera exigua	5~9	+	유충

(1) 파좀나방(Acrolepiopsis sapporensis Matsummura, Allium leaf miner)

(가) 피해

파, 마늘, 양파, 부추 등 백합과 작물에
발생하여 잎에 불규칙한 흰 줄을 만들면서
피해를 주는, 전국적으로 파밭에 흔한 나비목
해충이다. 파에 발생할 경우 부화유충이
파의 표피를 뚫고 표피 속으로 들어가 잎의
표피만을 남기고 엽육을 갉아먹어 잎 끝부터
희게 마르거나 불규칙한 짧은 흰줄 또는
희거나 누런 반점이 생겨 건전한 부분과

(그림 5-10) 파좀나방의 피해

쉽게 구별된다. 이를 쪼개어 보면 황색 또는 녹색의 미세한 분말모양의 배설물을
남기며 유충이 내부에서 겉표피만을 남기고 식해하여 나타난 증상임을 알 수
있다. 포장에서의 피해 최성기는 8월 상순과 9월 중순이다.

(나) 형태

성충은 4~5mm 정도에 날개 편 길이는 9mm 정도인 회색의 작은 나방이다.
앞날개 가장자리의 중앙에 흰색 무늬가 보인다. 알은 유백색이며 긴 타원형이며
지름은 0.5mm 정도이다. 유충의 머리는 옅은 갈색이고 몸은 연한 녹색이나
성장하면 길이 7~8mm 정도에 붉은 줄무늬가 있는 황색으로 변한다. 번데기는
4~5mm 정도로 황색을 띠다가 점점 진한 황색 또는 적갈색으로 변하며,
십자화과에 발생하는 배추좀나방처럼 잎 표면에 부착된 긴 타원형의 엉성한 그물
모양 고치 안에 들어 있다.

(다) 생태

성충으로 월동하며 1년에 8세대 이상 발생한다. 봄부터 가을까지 계속 발생하나
여름에 발생량이 가장 많다. 싱페로몬을 이용하여 조사한 결과, 월동 성충이 3
월 2일 처음 채집되었고 4월 중순경, 6월 하순, 8월 하순, 10월 상순에 각각 발생
최성기를 보였다. 실내에서 조사한 각태별 발육기간은 알 기간이 3.1일, 유충
기간이 13.1일, 번데기 기간이 7.1일이었고, 알부터 우화성충까지의 기간은 23.3
일이 소요된다.

(표 5–6) 항온조건에서 파좀나방의 각 태별 발육기간 (1994, 경기)

발육 태별	조사 샘플수	평균기간(평균±편차)
알	49	3.1±0.3
유충		13.1
1령 유충	36	2.0±0.4
2령	30	2.5±0.5
3령	29	2.2±0.4
4령	20	2.2±0.4
5령	15	4.5±0.4
번데기	14	7.1±0.3
알부터 우화까지		23.3

성충은 식물의 잎에 점으로 산란하고, 부화한 유충이 표피 속으로 파고 들어간다. 식물 내부에서 엽육을 섭식 가해하며 자란 유충은 다 자라면 구멍을 뚫고 밖으로 나와 잎 표면에 실을 내어 엉성한 고치를 짓고 내부에서 번데기가 된다.

(라) 방제
부추 잡단재배지, 연작지에서 피해가 많은 곳도 있으나 약제방제가 잘 되는 편이다. 연간 발생 횟수가 많아 부화유충이 파의 잎 속으로 들어가기 전인 발생 초기에 방제하는 것이 효과적이다. 포장에서는 발생세대가 중첩되어 각 태가 혼재하므로 작물의 재배시기를 고려하여 방제하는 것이 현실적이다. 적용약제를 이용하여 살포한다.

(2) 파잎벌레(*Galeruca extensa* Motschulsky, Stone leek leaf beetle)

(가) 피해
유충 및 성충이 파나 양파의 잎을 중간에 자르고 식해한다. 유충과 성충의 동작이 뜨며, 유충을 건드리면 황색의 냄새나는 액체를 분비한다. 전국적으로 발생은 그리 많지 않으나 국지적으로 다발생한 경우가 있다.

(나) 형태

성충은 11~12mm 정도이며, 전체적으로 둥글고 약간 큰 갈색~검은색의 잎벌레이다. 등딱지에 4쌍의 융기선이 있고 머리와 앞가슴 등판에 많은 점각이 나 있다. 몸은 중앙부 뒤쪽이 가장 넓고 이후 급격히 좁아진다. 유충의 몸은 검은색이며, 머리는 광택이 나고 은색의 가는 털이 나 있다. 몸은 중앙부가 가장 넓고 머리와 배 끝은 가늘다. 각 마디에 있는 2개의 검은색 돌기에 5~8개의 옅은 갈색 털이 나 있다.

(그림 5-11) 파잎벌레

(다) 생태

연 1회 발생하며, 하부엽이나 뿌리 근처 땅 속에서 알로 월동하다가 4월 중하순에 부화한다. 깨어난 유충은 섭식하기 시작하여 5월 중하순에 노숙유충이 되고 기주식물의 뿌리 근처 등 적당한 장소에 고치를 짓고 번데기가 된다. 약 1주일 후 성충으로 우화하여 부근에서 가해하다가 9월경에 산란한다. 알에는 검은색 분비물이 발라져 있으며, 3회 정도에 걸쳐 200개정도 산란한다.

(3) 뿌리응애(*Rhizoglyphus echinopus* Fumouze and Robin, Bulb mite)

(가) 피해

최근 남부지방의 마늘 연작지와 제주도의 시설재배 백합 단지 등에 다발생하면서 심각한 피해를 끼치는 주요 해충으로 알려지고 있다. 기주범위가 넓어 생육기에 부추, 마늘, 파, 양파, 글라디올러스 등 인경 채소류와 백합, 튜울립, 아이리스 등 구근화훼류의 뿌리를 가해하고 부패를 유발하며, 수확 후 저장 중에도 계속 생존 증식하면서 저장

(그림 5-12) 뿌리응애

구근에도 피해를 주는 토양해충이다. 연작
과 피해 종구에 의해 주로 전염된다.

뿌리응애는 마늘종구나 연작지 토양에 살다
가 종구의 상처나 병해 피해부위나 고자리
파리, 선충 등의 가해부위에 모여들어 급격
히 증식하여 인경을 썩게 한다. 피해는 뿌리
응애가 단독 발생할 때보다는 병원균, 고자
리파리 유충 등 다른 병해충과 함께 발생할
때 커지며, 각종 병원균을 옮기는 매개충 역

(그림 5-13) 뿌리응애 피해

할도 한다. 사질토양, 산성토양, 미숙퇴구비 등 부식질이 많은 토양 환경조건에
서 다발생한다. 지상부의 잎이 황변되는 피해증상은 고자리파리의 피해와 유사
하여 지상부 증상만으로는 구별하기 곤란하나 피해 작물을 뽑아보면 인경 또는
뿌리 부분이 쉽게 떨어지고 가해부위는 대부분이 썩어 있으며, 수백 마리의 유백
색 타원형 응애들이 흡즙 가해하고 있다. 수확된 부추의 피해부위나 인피사이에
다수 존재하다가 병원균 침입구나 상처 부위에 집중 발생하여 인경의 부패를 촉
진시킨다. 피해 부추는 인경이 소실되어 껍질만 남아 있고 내부에는 응애 사체
가 차 있다.

(나) 형태
유백색의 반투명한 좁쌀이나 서양배 모양의 작은 응애로 입틀과 다리는 갈색을
띤다. 성충이 0.6~0.7mm로 매우 작아 발생 밀도가 적을 때에는 육안 식별이
어려우나 군집으로 발생하면 발견하기 쉽다.

(다) 생태
알 → 부화약충 → 제1약충 → 제2약충 → 성충의 발육단계를 거쳐 연간 10여
세대 발생한다. 성충과 유충이 뿌리에서 월동하며 연간 수세대를 발생하는데
뿌리 표면에 하루 10개 정도씩 알을 낳는다. 발육기간은 알이 4.2일, 유충이 8.4
일, 성충이 21.2일이다. 유기물이 풍부하고 산성인 모래토양에 많이 발생하며
고온다습한 조건에서 발생밀도가 높다. 주로 인경채소, 구근화훼류, 다년생
인경채소의 뿌리를 가해하여 뿌리를 부패시킨다. 발육에 부적합한 환경에서는
제1약충과 제2약충 사이에 두꺼운 키틴질의 피부를 가진 휴면 약충이 출현한다.

(표 5-7) 항온조건에서 뿌리응애의 생활사 (1987, 전남)

조사연도 및 일자		조사한 알 수	알기간	약충기간	성충기간
1986	3. 25	103 개	4.5 일	9.0일	20.1일
	5. 20	151	4.0	8.0	25.5
	7. 20	250	4.0	8.0	24.0
	평균	168	4.1	8.3	23.2
1987	11. 9	76	4.7	9.0	17.4
	12. 8	89	4.5	9.0	18.5
	3. 6	216	4.0	8.0	20.5
	4. 10	210	4.0	8.0	20.3
	평균	148	4.3	8.5	19.2

겨울에는 각 태별로 인경과 토양에서 월동하다가 봄에 기온상승과 함께 밀도가 증가되며 고온기인 여름에는 밀도가 감소한다. 수확 직후 마늘 저장 중에는 고온 다습한 환경에서도 생존이 가능하며 6~7월 저장 후기의 고온 건조한 환경에서는 점차 밀도가 낮아진다. 성충과 약충 형태로 작물 뿌리에서 월동한다. 성충은 뿌리 표면에 낱개 또는 몇 개씩 산란하여 하루에 10개 정도씩 일생 동안 160개 정도를 산란한다. 부추에서는 재배가 시작되는 5월 중하순부터 7월 상순까지 밀도가 증가하다가 월동에 들어가며 3월 상순이나 중순부터 증식이 되다가 5월 상순 이후 급격히 증가하며 연작을 하면 밀도가 높아진다.

(라) 방제
방제법으로는 건전 묘 선택, 종자 및 토양 소독을 하거나 연작을 피하는 것 등이 있다. 뿌리응애는 종구의 껍질 사이나 토양 중에 널리 분포하기 때문에 방제하기 어려워 종구를 파종할 때 뿌리응애 잠복부위인 인피를 제거하고 파종하기도 한다. 건전한 종구를 심거나 재배토양에 미숙퇴구비를 사용하지 않는다면 생육 중 피해는 크지 않다. 부추재배지에 6월에 최고 주당 5.5마리였으며, 연작하여 피해 받은 포장은 생육이 부진하고 뿌리를 부패시켜 수량을 감소시킨다. 다발생 지역에서는 마늘, 파, 양파 등의 연작을 회피하고 산성토양은 석회를 사용하여 토양산도를 교정하여 응애증식을 조장하는 미숙퇴구비를 사용하지 말아야 한다.

뿌리응애는 크기가 매우 작아 밀도가 낮으면 육안 식별이 어렵고 작물 지하부에 살고 있기 때문에 예찰 및 방제가 어려운 해충 중의 하나이다.

따라서 약제를 사용하여 침입경로를 차단하고 여러 가지 증식조건을 배제시켜 줌으로써 방제효과를 높일 수 있다. 토양살충제를 전면 처리한 후 토양표면을 긁거나 관수처리하여 약액이 부추지제부까지 침투하게 하면 방제효과가 높다.

(4) 파총채벌레(*Thirps tabaci* Lindeman, Onion thrips, tabacco thrips)

(가) 피해

부추표, 파, 양파, 양배추, 담배, 감자, 가지, 오이, 수박, 토마토, 콩, 카네이션 등 채소류, 화훼류에 널리 발생하는 총채벌레로서, 약충과 성충이 즙액을 빨아먹은 부분이 군데군데 황백색으로 변하며 생육이 불량해진다. 발생이 심하면 식물 전체의 색깔이 변하며 말라죽는다. 여름철 건조할 때 발생이 많아 피해가 증가한다.

(그림 5-14) 파총채벌레

(나) 형태

성충은 1.3mm 정도로 아주 작은 편이고, 몸은 황갈색에서 어두운 갈색을 띠며, 겹눈은 붉은색이다. 2쌍의 날개는 가는 막대기모양으로 가장자리를 따라 긴 털이 불규칙적으로 나 있어 마치 총채 같은 모양이다. 날개를 사용하지 않을 때에는 나란히 접고 있다. 알은 0.3mm 정도의 짧은 바나나모양으로 작물의 조직 속에 들어 있다.

(다) 생태

가뭄이 심했던 1994년도에 부추 집단재배지에서 피해가 심했다. 가뭄이 계속되면 번식이 왕성하고 봄부터 가을까지 불규칙하게 발생한다. 작물체 가까운 곳의 지표 아래나 잡초 사이에서 성충으로 월동하며, 봄부터 가을까지 불규칙하게 계속 발생한다. 특히 여름에 번식력이 왕성하여 밀도 증가가 매우 빠르며, 연 10

회 이상 발생한다. 암컷은 식물 표피조직 내에 20~170개의 알을 낳고, 산란된 알은 5~7일 후 부화한다. 유충은 6~7일 정도 땅 위에서 식물의 겉껍질을 갉아 먹으며 가해하다가 발육이 끝나면 뿌리 근처의 땅 속으로 들어가 번데기가 된다. 용화 후 1주일 정도 경과한 뒤 성충으로 우화한다.

(라) 방제
고시된 적용약제를 이용 방법에 맞게 살포한다.

(5) 파총진딧물(*Neotoxoptera formosana* Takahashi, Stone leek aphid)

(가) 피해
부추, 파, 마늘, 양파, 염교, 달래 등 백합과 채소 작물에 약, 성충이 무리지어 흡즙 가해하므로 피해 받은 잎의 생장이 부진하며, 유묘의 경우 말라죽는 경우까지 있다. 작물의 위축병(萎縮病)을 매개하는 경우도 있다.

(나) 형태
무시충은 2.0~2.5mm로, 몸 전체가 광택 있는 검은색을 띠고 유시충도 검은색을 띠며 날개맥 주변도 검다. 더듬이와 다리 일부는 갈색이고 약충은 좀 더 연한 색이다.

(다) 생태
추운 지방에서는 알로 월동하지만, 따뜻한 지방에서는 무시충으로 월동한다. 5월 중순경부터 잎을 가해하며, 6월 상중순에 가장 많이 발생한다. 다른 진딧물들처럼 7월 상중순 이후 밀도가 급격히 감소했다가 날이 차가워지면서 다시 밀도가 증가한다.

(라) 방제

일반적인 진딧물 방제에 준한다.

(6) 파굴파리(*Liriomyza chinensis* Kato)

(가) 피해

유충이 파 잎 속에 굴을 파고 돌아다니면서 파좀나방처럼 불규칙한 흰 줄 모양의 굴을 만든다. 피해를 받은 부분은 백색으로 변하며 까보면 유충을 쉽게 볼 수 있다. 특히 여름에서 가을까지 피해가 심하며, 잎 전체가 하얗게 변색되고 어린 묘는 말라죽기도 한다. 묘에서는 유충이 엽초부에 기생하고 이 부분부터 마르기 때문에 치명적인 피해를 받는데 봄에 묘판에서 고사하는 개체를 많이 발견할 수 있다. 생육중인 양파는 고사하지는 않지만 잎의 기능이 저하하여 생육이 나빠진다.

(나) 형태

성충은 2mm 정도의 회백색 작은 파리로서 몸 양측면과 다리는 노란색이고 가슴과 배는 검은색이다. 알은 장타원형의 백색으로 크기는 0.2mm이다. 노숙유충은 4mm 정도의 황백색 구더기이다.

(다) 생태

여름부터 가을까지 전국에서 발생하며, 성충은 4월부터 나타나는데 10월까지 연 4~5회 정도 발생한다. 발생 최성기는 7월 상순, 8월 상순, 9월 하순이다. 겨울에는 땅 속에서 번데기로 월동하며, 4~5월경 우화한 성충이 교미하고 잎 조직 내에 점 형태로 산란한다. 알은 백색으로 장타원형이며 알 기간은 20℃, 25℃, 30℃에서 각각 4.5일, 2.9일, 1.9일이다. 부화유충은 동작은 둔하지만 표피를 남겨 놓고 잎에 굴을 뚫어가면서 엽육을 가해하거나 잎의 내벽에 붙어서 엽육을 가해한다. 다 자란 유충은 잎의 표피를 뚫고 나와 땅에 떨어져 토양 중에서 용화한다. 유충기간은 20℃, 25℃에서 각각 7.9일, 5.8일, 번데기 기간은 각각 20.1일, 16.3일이고 발육영점온도는 알이 13.0℃, 유충이 11℃, 번데기가 7.2℃이다. 암컷의 수명은 8.5일, 수컷은 암컷보다 3.5일이 짧은 5.0일이며, 산란 수는 165.8개, 흡즙흔 수는 983.8개이다.

(라) 방제

이식 전 또는 발생 초기에 카보입제를 10a당 5kg을 1회 이내로 뿌리거나 발생 초기에 물 20ℓ에 칼탑수용제 20g을 타서 약액이 충분히 묻도록 골고루 뿌리는데 6회 이내로 제한하여 사용한다.

(7) 파밤나방(*Spodoptera exigua* Hubner, Beet armyworm)

(가) 피해

백합과 작물뿐만 아니라 십자화과, 박과 등 다양한 종류의 채소류, 화훼류, 약초류와 잡초까지 가해하는 광식성 해충으로 노지에서 연 4~5회 발생한다. 1926년 황해도지역의 사탕무 재배지에 크게 발생하여 피해를 준 바 있어 '사탕무 도둑나방'이라고 불려왔다. 이후 담배거세미나방처럼 거의 보고가 없다가 1980 년대 후반부터 남부지방의 밭작물을 중심으로 발생이 증가하고 있다. 국내 대부분의 지역에서 7월 이후 대량 발생하며 기온이 떨어지면 그 피해도 줄어든다. 파의 경우 잎 표면에 성충이 20~50개씩의 알을 무더기로 산란하며, 알에서 깨어난 어린 유충은 표피에서 엽육을 갉아먹지만 2~3령으로 자라면서 파속으로 들어가 안쪽에서 표피 쪽만 남기면서 가해하다가 4~5령이 되면 잎 전체에 큰 구멍을 뚫으면서 가해한다.

(나) 형태

성충은 15~20mm, 날개 편 길이 25~30mm 정도이다. 앞날개는 폭이 좁은 황갈색이며, 중앙에 연한 점이 있고 옆에 콩팥무늬가 있으며 뒷날개는 희고 반투명하다. 노숙유충은 35mm정도이며 녹색인 경우가 많다. 번데기는 15~20mm의 방추형으로 밝은 적갈색이다.

(다) 생태

성충이 잎표면에 난괴로 산란하고 자신의 털로 덮으며, 부화하면 담배거세미나방처럼 식물체 내부로 들어가 표피만 남기면서 엽육을 가해한다. 가해를 받으면 잎 끝부분부터 희게 마르고 점차 자라면서 중간 부분에 구멍을 뚫고 계속 섭식한다. 유충이 파 잎 속에 들어가서 가해하므로 실제 유충을 보기는 쉽지 않다.

(라) 방제

파의 경우, 유충이 자라면서 잎 속으로 들어가 가해하므로 약제에 노출될 기회가
적어서 방제가 더욱 어렵게 된다.

(8) 달팽이류

육상의 달팽이들도 물속에서 생활하는 달팽이들과 마찬가지로 대부분이 습도가
높은 곳에서 생활한다. 명주달팽이는 건조한 곳에서 견딜 수 있는 능력이
뛰어나기 때문에 한여름 건조기에 식물체를 가해하기도 한다. 그러나 껍데기가
없는 민달팽이류는 건조에 약하여 몸 표면을 항상 습하게 유지해야 하기 때문에
낮에는 주로 식물체 속이나 바위 밑 등에 숨어 지내다가 밤이나 날씨가 흐린 날
지상부에 나와 가해한다. 시설온실 내에서는 주간에도 습도가 높고 관수조건에
따라 달팽이류가 활동할 수 있는 조건이 된다. 최근 시설원예작물의 재배면적이
늘어나면서 달팽이류가 하우스 내 각종 식물들의 난방제 해충으로 등장하고 있다.

(가) 민달팽이(병안목 : 민달팽이과, Incilaria confusa Cockarell,
Japanease native slug)

· 피해 : 광식성으로 하우스에 재배하는 거
의 모든 채소류, 화훼류에 가해하며 흐린 날
또는 밤, 새벽에 작물의 지상부를 폭식한다.
몸 표면에 끈끈한 액을 분비하며 이동하므
로 피해부위는 분비액과 함께 지저분한 부
정형의 구멍이 많이 뚫린다. 피해가 심한 잎
은 엽맥만 남아 거친 그물모양이 된다. 온실
에서는 연중 피해가 심하다.

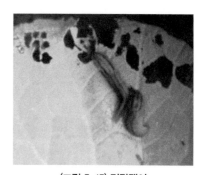

(그림 5-15) 민달팽이

· 형태 : 성충은 약 60mm이며 보통 담갈색
을 띠나 변이가 많다. 등면에 3개의 흑갈색 세로줄이 있으며 양측에 2개의 세로
줄이 뚜렷하다. 알은 투명한 계란형으로 여러 개가 목걸이처럼 연결되어 있는 경
우가 많다.
· 생태 : 연 1회 발생하며, 흙덩이 사이나 낙엽 밑의 습기 많은 곳에서 성체로

월동하다가 이듬해 3월경에 활동을 시작하여 6월까지 작은 가지나 잡초에 30~40개의 난괴로 산란한다. 부화한 어린것은 가을에 성체가 되며, 낮에는 주로 하우스 내의 어두운 곳, 화분 밑이나 멀칭한 비닐 밑에서 숨어 있다가 밤에 나와 가해한다.

· 방제 : 발생이 많은 곳에서는 은신처가 되는 작물, 잡초 등을 제거하고 토양 표면을 건조하게 유지하는 것이 좋다. 민간요법으로 맥주를 컵에 담아 땅 표면과 일치되게 묻으면 달팽이들이 유인되어 빠져 죽는다. 오이를 썰어 시설 내 지표면에 깔아 두었다가 유인된 달팽이를 모아서 죽일 수도 있다. 방제대책으로 토양산성화를 막기 위해 파종 전 소석회나 석회질소를 사용하여 산도를 6.5~7.0 으로 교정하고 재배포장을 건조하게 한다. 피해 잔존물이나 잡초 등 숨을 장소를 없애는 것도 중요한 방법이다.

(나) 명주달팽이(병안목 : 달팽이과, *Acusta despecta grey*, Land snail)

· 피해 : 노지와 시설 양쪽 모두 각종 농작물에 피해가 많다. 봄과 가을에 피해가 크고, 발아 후의 유묘기에 대발생하면 피해가 크기 때문에 주의해야 한다. 식물이 성장하면 어린잎과 꽃을 식해하며, 피해증상은 나비목 해충의 유충피해와 비슷하나 달팽이가 지나간 자리에 점액이 말라붙어 있어 햇빛에 하얗게 반사되는 점으로 구별할 수 있다. 낮에는 지제부나 땅 속에 잠복하다가 주로

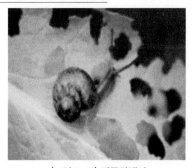

(그림 5-16) 명주달팽이

야간에 식물체의 잎과 꽃을 가해하나, 흐린 날에는 주야를 가리지 않는다.

· 형태 : 어린 개체의 껍질은 3~4층이며, 껍질 직경은 0.7~0.8mm이다. 성체는 5층에 껍질 직경은 20mm 정도이며, 얇아서 누르면 쉽게 부서진다. 껍질 색깔은 담황색 바탕에 흑갈색 무늬를 띠는 개체가 많으나 지역, 시기에 따라 변이가 크다. 알은 2mm 정도의 구형이며 유백색을 띤다.

· 생태 : 연 1회 발생하는 것이 일반적이지만 간혹 2회 발생하기도 한다. 겨울에는 성체 또는 유체로 몸체를 껍질 안에 집어넣고 땅 속에 반매몰된 상태로 월동한다. 3~4월경부터 활동하기 시작하며, 성체는 자웅동체로서 4월경부터 교미에 의해

정자낭을 교환한다. 교미 약 7일 후부터 2~3cm 깊이의 습한 토양에 3~5개씩 산란하며, 1마리당 100개 내외의 알을 낳는다. 알은 15~20일 만에 부화하며, 부화한 어린 달팽이는 가을까지 식해한다.

· 방제 : 토양 중에 석회가 결핍되면 달팽이 발생이 많으므로 석회를 사용한다. 온실 내의 채광과 통풍을 조절하여 습기를 줄여 발생을 억제한다.

(9) 고자리파리(파리목 : 꽃파리과, *Delia antiqua* Meigen, Onion maggot)

(가) 피해

유충이 마늘, 양파, 쪽파, 대파, 부추 등 백합과 작물의 뿌리가 난 부분에서부터 파먹어 들어가 지하부의 비닐줄기를 가해하는데 밀도가 높을 때는 줄기 속까지 가해한다. 피해 작물은 아랫잎부터 노랗게 변하기 시작하여 피해가 심하면 전체가 말라 죽는다. 피해 받은 포기는 뿌리 중간이 잘린 채 잘 뽑히며, 그 속에서 애벌레를 관찰할 수 있다. 주로 인가 근처의 포장에서 피해가 심하다.

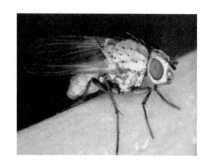

(그림 5-17) 고자리파리

가을에는 쪽파에 피해가 심하나, 양파묘판이나 마늘에서도 피해가 나타나기도 한다. 봄에는 파묘판과 본밭에 피해가 많이 나타나며, 포장의 전체 작물이 말라죽는 수도 있다.

(나) 형태

성충은 5~7mm의 회갈색 파리로, 가슴등판 중앙에 센 털이 드문드문 불규칙하게 나 있다. 암수는 배 끝에 있는 외부생식기의 모양으로 구별할 수 있고, 양쪽 겹눈의 간격으로도 구별할 수 있다. 겹눈이 수컷은 서로 밀접해 있고, 암컷은 떨어져 있다. 노숙유충은 8~10mm의 구더기로, 11~12개의 숨구멍이 있다. 적갈색의 번데기는 6~7mm의 긴타원형 모양이다. 야외포장에서는 고자리파리와 씨고자리파리가 함께 채집되는 경우가 많은데 두 종은 형태가 비슷하여 혼동하기 쉽다. 고자리파리의 어른벌레는 집파리보다 약간 작으며, 전체적으로 연한

회색을 띤다. 씨고자리파리는 일반적으로 고자리파리보다 작으나 색깔은
비슷하다. 고자리파리의 알은 1.2mm 내외의 백색 타원형이며, 한쪽은 오목하고
다른 한쪽은 볼록하다. 애벌레는 유백색의 구더기로, 앞쪽 숨구멍의 개수에
차이가 있어 고자리파리는 11~12개 내외이고, 씨고자리파리는 6~8개 내외이다.
고자리파리 번데기는 6~7mm의 긴 타원형으로 적갈색이다. 고자리파리의 등 쪽
중앙에는 검은 선이 없이 약간 짙을 뿐이다.

(다) 생태
연 3회 발생하고 가을에 발생하는 애벌레는 모두 번데기 상태로 월동한다. 경남
진주지방에서의 발생 최성기는 1화기가 4월 중순, 2화기가 6월 상순, 3화기가
9월 하순~10월 상순인데, 중부지방에서는 이보다 1주일 정도 늦어진다. 겨울
동안이나 월동 번데기가 우화하기 전인 3월에 피해 받은 포기 주위의 흙을 파보면
쉽게 번데기를 찾을 수 있다. 월동 후 4월경부터 우화한 성충은 기주식물의 잎
틈새나 주위의 흙 틈에 50~70개씩 산란한다. 알 기간은 3~4일, 애벌레 기간은
14일 정도이다. 제1세대 번데기는 곧 우화하여 한 세대를 더 지난 후 여름잠에
들어가거나 그대로 땅 속에서 번데기 상태로 여름잠에 들어간다. 여름잠에
들어간 번데기는 7, 8월의 고온기에는 우화하지 않고 그대로 보낸 후 가을에
온도가 낮아지면 우화하여 쪽파, 양파, 부추 묘판, 부추 본밭 등에 알을 낳는다.

(라) 방제
가을에 씨 뿌린 후 싹이 나는 시기나 옮겨 심는 시기가 발생 최성기 이전일
경우에는 토양 살충제를 뿌린 후 흙과 잘 섞어 파종한다.

(10) 선충

(가) 피해
시설재배지에서 연작을 할 경우 기주에 따라 다르나 마늘이나 양파의 경우 애벌레와 어른벌레가 껍질과 껍질 사이에 침입하여 즙액을 빨아먹으므로 영양 결핍을 일으키고 심하면 건부현상을 일으키며, 지상부 생육은 물론 쪽의 생육이 극히 불량하게 되며 저장 중에도 계속 가해하여 저장 중에 많은 피해를 가져온다.

(나) 형태
암수 모두 질모양의 비교적 큰 어른벌레로 꼬리가 뾰족하고 암컷의 크기는 1.4~1.5mm로 교접낭을 갖고 있다. 애벌레의 크기는 0.3~0.5mm이다.

(다) 생태
사질토에서 습도가 많을 때 잘 번식하므로 비가 올 때 활동을 많이 하며 피해도 심하다. 마늘이나 양파의 경우 애벌레 상태로 껍질 내에서 겨울나기를 하여 주전염원이 된다. 암컷의 어른벌레는 반드시 교미해야 알을 낳고 한 마리가 약 1개월 동안에 207~498개의 알을 낳는다. 알 기간은 5~6일, 애벌레 기간은 7~11일, 어른벌레 기간은 40일 정도이다. 1세대 경과 기간은 15℃에서 20~25일이며, 생육기간 동안 3회 정도 발생할 수 있다.

(라) 방제
선충이 기생하면 생육이 불량해지고, 잎 끝은 비틀어지는데 그 정도는 새로 전개되어 나오는 어린잎일수록 그 증상이 심하고 나중에는 잎 끝이 마르기도 한다. 선충이 기생하면 바이러스에 걸리게 되어 퇴화를 촉진하게 되고 수량은 줄어들게 된다.

(표 5–8) 토양처리 온도별 뿌리혹선충 방제효과 (1997, 경북)

토양처리온도(℃)	처리시간			
	12시간	24시간	36시간	48시간
50	0마리	0	0	0
45	1	0	0	0
40	132	16	3	0

우리나라 부추재배에서 기생하는 선충의 피해는 문제가 되지 않는다. 따라서 지금까지 보편적인 방제는 파종할 때 토양살충제를 10a당 10~12kg을 토양전면에 뿌린다. 그리고 토양소독 시 40℃ 이상으로 하여 24시간 이상 방치하면 밀도가 현저히 떨어진다.

02

생리장해 원인과 대책

가. 엽선고사

부추의 엽선고사 성숙엽의 선단부위가 백색으로 고사하는 경우와 엽의 외측 가까이 노화엽 선단으로부터 황색으로 고사하는 경우가 있다. 백색고사하는 경우는 아침 안개나 비가 걷히면서 낮에 맑은 날씨가 되어 하우스 내의 온도가 급격히 상승한 경우이며, 황색고사는 하우스 내에서 고온건조 상태에서 부추를 재배한 경우에서 볼 수 있다. 하우스 부추에 있어서 다습조건인 경

(그림 5-18) 엽선고사 증상

우가 건조조건보다 엽중이 많았고, 또한 하우스 내 토양수분의 다소에 따라서 엽중과 엽선고사 정도가 다르게 나타나 하우스 내 토양수분을 충분히 유지시키는 것이 엽선고사를 줄일 수 있다. 산성에 의한 장해는 추위를 한두 번 지나고 나면 비닐을 피복하여 처음 수확할 때는 생육이 좋더라도 두 번째 수확할 때는 가늘고 약한데다가 바깥쪽부터 말라 들어가는데, 이때는 전면 석회를 충분히 사용하고 퇴비를 충분히 주어 석회흡수를 돕도록 하고 질산석회를 액비로 추비한다. 하우

스 내 토양수분이 다습한 조건이 건조한 조건보다 엽선고사가 거의 발생되지 않았고, 단근(斷根)하여 정식한 경우가 단근하지 않은 경우보다 근중(뿌리무게)과 엽중(엽 무게)이 증가하였다.

(표 5-9) 하우스 내 습도와 엽선고사 발생과의 관계 (1977, 일본)

처리		엽중(g)	엽선고사 정도
하우스	토양수분		
다습	다	12.4	++
	소	10.6	+++
건조	다	8.7	++
	소	6.7	++++

* - 없음+ 소++ 중+++ 심++++ 아주심함

그러나 토양이 건조한 상태에서 단근은 엽선고사가 심하였고, 근중과 엽중은 단근한 경우가 월등히 많았다. 또한 부추 품종 중 세엽(가는 엽)부추가 광엽부추보다 엽선고사 정도가 매우 심하였으며, 단근과 상관없이 광엽부추에서 근중과 엽중이 증가되었다. 단근한 경우가 하지않은 경우 보다 근중과 엽중이 월등히 증가하였다. 일조(日照)가 강한 조건에서 약한 조건보다 질소의 다소와 토양수분의 다소에 관계없이 엽선고사 정도가 심하였으며, 엽중은 약한 일조조건에서 현저히 증가되었으며, 질소가 많은 곳에서 적은 곳보다 엽중이 증가하였고, 토양수분이 많은 조건에서 엽중이 증가하고 엽선고사 정도도 낮았다.

(표 5-10) 엽선고사에 미치는 토양수분과 단근의 영향 (1977, 일본)

처리		근중(g)	엽중(g)	엽선고사 정도
토양수분	단근			
건조구	유	15.2	8.5	+++
	무	5.8	8.2	++++
다습구	유	12.8	11.7	±
	무	6.8	9.3	+

(표 5-11) 엽선고사에 미치는 부추엽과 단근의 영향 (1977, 일본)

처리		근중(g)	엽중(g)	엽선고사 정도
엽상태	단근			
세엽	유	7.0	6.1	+++
	무	4.1	3.0	+++
광엽	유	9.5	10.7	+
	무	6.2	8.7	++

(표 5-12) 일조별 엽선고사에 미치는 질소와 토양수분의 영향 (1977, 일본)

처리			엽중(g)	엽선고사 정도
일조조건	질소	토양수분		
강한 일조	많음	많음	9.0	+++
		적음	7.2	++++
	적음	많음	8.5	++
		적음	6.7	+++
약한 일조	많음	많음	15.7	+
		적음	13.7	++
	적음	많음	15.5	+
		적음	10.6	++

나. 연작장해

부추잎이 꼬부라진 채 얇은 피막으로 쌓여져서 전개가 되지 못하고 잎집의 내부는 쭈글쭈글한 증상의 기현상으로 나타난다. 이 증상은 염류장해를 받은 토양은 받지 않은 토양에 비하여 pH와 수분함량 차이는 없으나 염류농도(EC)가 1.01ds/m 로 높았고, 무기성분 함량도 건전주에 비하여 부위별로 보면 잎새보다 잎집에서 높았다.

일반적으로 장해가 나타나기 쉬운 작물은 부추, 양파, 상추, 딸기 등이며, 양파의 경우 염류농도가 0.5ds/m 이상일 때 장해가 나타나고 염류의 집적은 비료를 다량 사용했을 때, 토양수가 아래로부터 위로 이동하여 하층의 Ca, Mg 등이 경토에 집적되고 초산이 Ca, Mg 및 K와 결합하여 $CaNO_3$ 또는 KNO_3 형태로 되어 장해를 발생시킨다는 보고 등이 있다. 염류장해의 방지대책으로는 깊이갈이, 유기물

시용, 또는 피복방법 등에 의하여 장해 경감을 기할 수 있으나 기본적으로는 비료를 1회에 다량 시용하지 말고 가급적 분시하도록 한다. 표면에 집적된 염류를 제거하기 위해서는 볏짚을 피복하거나 충분한 관수나, 빗물에 의해 염류가 유실되도록 하는 것이 좋을 것이다.

다. 가스(Gas)장해

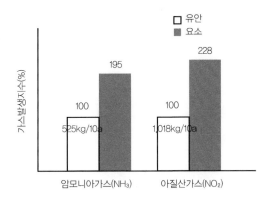

(그림 5-19) 시설재배지에서 유안시용에 의한 가스발생 억제효과(원시)

한번 수확한 후 추비하여 맹아를 촉진시킬 때 고형비료를 많이 주면 가스가 발생하는데 암모니아 가스피해는 잎 끝이 갈색으로 변하며, 아질산 가스피해는 잎이 희게 마른다. 대책으로는 균형시비(액비시용) 및 관수환기를 철저히 한다. 요소비료를 줄때는 약 1주일 전 모래와 혼합하여 두었다 시용하면 가스피해를 막을 수 있다.

라. 온도장해

고온장해는 30℃ 이상 고온이 지속되면서 수분 공급이 되지 않을 때 바깥쪽의 잎이 끝에서부터 다갈색으로 변하고 후에 점점 말라 들어가고 생육이 왕성한 중앙부의 잎이 희게 마르는 증상이다. 저온장해는 10℃ 이하가 지속되는 겨울철에 온도가 내려가면 잎이 갈색으로 변한다. 대책으로서는 환기관리를 철저히 하여 고온이 되지 않게끔 해주고 관수로 수분공급을 하여 온도관리를 철저히 하고 뿌리가 악화되지 않도록 엽초부를 남겨둔다. 저온대책으로는 보온관리를 철저히 하는데, 수막식 보온방법 및 터널, 커튼 등 보온에 힘쓴다.

마. 필수 요소 결핍증상

(1) 질소(N)

질소의 생리적 기능은 녹색식물에는 전 질소량의 80~85%가 단백질의 형태로 존재하고 핵단백질의 형태로 10%, 가용성 아미노산 형태로 약 5% 존재한다. 영양기관에는 효소단백, 종실에는 저장단백, 생체막 부근에는 구조 단백질의 형태로 존재한다.

(표 5-13) 부추재배 시기별 가식부위 무기이온함량 변화 (1999, 충북)

채취시기	T-N	P₂O₅	K₂O	CaO	MgO	NO₃ (mg/kg)
	(%)					
5월	3.0	1.1	4.0	0.7	0.4	5,350.0
6월	2.2	1.0	5.0	1.3	0.5	11,241.7
7월	4.3	1.1	6.6	0.6	0.7	3,739.0
8월	3.3	1.4	13.0	1.6	0.5	5,089.0

또한 조효소와 엽록소의 구성에 필수적이다. 결핍 증상은 질소가 부족하면 생장 속도가 느리고 엽록체의 발달이 나빠서 황화현상이 나타나며 심하면 백화현상으로 발달한다. 그리고 늙은 잎이 성숙되기 전에 떨어진다. 그리고 재배시기별

부추 가식부위의 NO_3이온함량은 6월에 11,241.7으로 가장 높았으며, 5월, 6월보다 7월과 8월 채취 시 함량이 낮았다. P_2O_5, K_2O, CaO함량도 8월에 높았고, T-N과 MgO은 7월에 높은 경향이었다.

(2) 인산(P)

인산의 생리적 기능은 당 및 알코올의 인산에스터, 인지질 등으로 대사작용에 관여하고 고에너지 화합물인 ATP의 구성 성분이다. 결핍 증상은 인산의 공급이 부족하면 RNA의 합성이 감소되어 결국 단백질의 합성에 영향을 끼친다. 외견상 결핍증상은 늙은 잎이 암녹색을 띠며 1년생 초본류의 줄기는 안토시안 색소의 형성이 많아져 자주색 또는 불그스레한 빛을 띠게 된다.

(3) 칼리(K)

칼리의 생리적 기능은 수분조절 기능을 가지고 있어 K가 충분한 식물은 물의 손실이 적다. 기공의 개폐작용에 K가 크게 관여하며 광합성 산물의 전류를 증진한다. 식물체에 K의 합량이 많으면 ATP의 생성이 촉진되어 광합성 산물의 전류를 촉진시킨다. 결핍 증상은 처음에는 생육이 저조하며 점차 황화 및 백화가 나타난다. 이러한 증상은 대개 오래된 잎에서 나타나기 시작한다. 실제로는 아주 오래된 잎보다는 비교적 활동이 왕성한 잎에서 결핍이 나타난다.

(4) 칼슘(Ca)

칼슘의 생리적 기능은 세포의 신장과 분열에 필요하다. 칼슘은 비독성 무기영양 성분이고 다른 무기 원소의 농도가 높아서 생기는 독성을 제거하는데 매우 효과가 좋다. 생체막의 투과성에 관여하여 부족하면 막의 투과성이 줄어 점차 틈이 생기고 구조가 일그러지게 된다. 결핍 증상은 생장점과 가장 어린잎에서 모양이 일그러지고 황화되며 심하면 잎의 주변이 고사한다.

(5) 마그네슘(Mg)

마그네슘의 생리적 기능은 녹색식물의 엽록소 구성원소이며 단백질 합성에 관여한다. 엽록체와 세포질의 높은 pH(6.5~7.5)를 유지하는데 Mg과 K가 필요하다. 결핍증상은 엽맥 사이가 황화하고 심하면 백화현상이 나타난다. 비교적 늙은 잎에서 시작하여 어린잎으로 이동한다.

(6) 유황(S)

유황의 생리적 기능은 아미노산의 구성 성분이며 몇 가지 조효소와 단백질 부가기의 구조에 작용한다. 결핍증상은 N의 결핍증과 비슷하게 생육이 억제되고 담록색 내지 황색을 띠며 심하면 황백화 증상이 나타나 시각적으로 정확한 판단을 하기는 매우 어렵다.

바. 미량원소 결핍증상

(1) 철(Fe)

철의 생리적 기능은 엽록소의 생성에 관여하고 단백질의 합성에도 관여하며 에너지 대사에서 산화-환원의 반응으로 전자전달계에도 관여한다. 결핍 증상은 어린잎에서 엽맥 간에 황화가 나타나고 엽맥은 진한 녹색을 띤다.

(2) 망간(Mn)

망간의 생리적 기능은 광합성 작용기작의 전자전달계에서 물의 광분해가 일어나는 광반응계로 산화-환원과정에 필수적으로 작용한다. 결핍 증상은 Mn의 결핍증은 Mg과 비슷하게 잎의 엽맥간이 황화하는데 Mg과는 달리 황화증상이 어린잎에서 먼저 나타난다. Mn이 과다하게 흡수되면 독성으로 인해 늙은 잎에 갈색반점이 나타난다.

(3) 아연(Zn)

아연의 생리적 기능은 여러 가지 효소의 기능, 구조, 혹은 조절인자로서 작용한다. 효소의 활성화, 탄수화물 대사, 단백질 합성 등에 관여한다. 아연결핍 증상은 식물의 종류에 따라서 특이하게 나타나는데 쌍자엽 식물에서 절간이 짧아진다든가 잎이 작아지는 증상이다. 중간 엽맥을 따라서 황화하고 반점상의 변색이 나타난다. 아연의 독성은 어린잎에 황화현상으로 나타난다. 독성은 주로 Zn이 많이 들어 있는 폐기 쓰레기를 사용했을 때 나타난다.

(4) 구리(Cu)

구리의 생리적 기능은 여러 가지 효소의 구성성분이며 핵산, 단백질 및 탄수화물의 대사작용에 관여한다. 결핍증상은 어린잎은 황화하고 곳에 따라 환상으로 비틀려 나선형의 코일모양을 만든다. 구리의 독성은 철 결핍을 유발한다. 구리함유 농약의 계속사용, 산업폐기물과 돈분 및 계분 사용은 토양 중의 구리함양을 증가시켜서 구리 독성의 원인이 된다.

(5) 몰리브덴(Mb)

몰리브덴의 생리적 기능은 몰리브덴산 이온의 형태로 흡수되며 황산에 의하여 흡수가 길항적으로 방해되는 수도 있다. 질소를 고정하는 효소 단백질의 필수 구성성분이다. 결핍증상은 늙은 잎에서 황화 증상이 나타나고 푸른 잎의 엽맥이 교차되는 부분에 급속히 태운 듯한 모양이 나타난다. 어떤 경우에는 잎이 말채찍 모양으로 길쭉하게 변한다. NO_3^--N(질산성질소)을 많이 시용할 때 늙은 잎에서 잎 가장자리가 황화되거나 괴사한다.

(6) 붕소(B)

붕소의 생리적 기능은 잘 밝혀져 있지 않으나 유관속의 분화, 세포벽의 안정성 및 물질화에 관여한다고 생각된다. 결핍증상은 처음에는 기형이 나타나고 어린잎이 전개되면서 밑 부분의 생장이 정지되거나 흑갈색으로 변한다.

(7) 염소(Cl)

염소가 결핍되면 어린잎의 황백화가 진행되고 전 식물의 위조현상을 보인다.

chapter 6

수확 및 이용

01 수확 및 유통
02 이용

01
수확 및 유통

부추는 정식해서 8개월~1년이 되면 30본 전후로 분얼이 되어 훌륭한 잎이 나온다. 부추잎 끝이 둥글게 자라고 전체의 80%의 잎 길이가 엽폭이 8mm 정도, 초장 30cm 전후로 자랐을 때 수확한다. 그래서 근주가 커 오르면 수확하게 된다. 수확은 봄베기, 가을베기가 있어 봄베기를 한 근주는 다음 해도 봄베기를 하며 가을베기를 한 것은 다음해도 가을베기를 한다. 수확할 때의 부추 크기는 본옆이 3~4매가 되고 18~25cm 정도 커서 전의 잎 끝 벤 자리가 치유되어 둥근 모양을 띌 때 적기가 된다. 이것은 가을, 여름, 봄베기도 같은 방법으로 한다. 특별히 여름 베기는 너무 수확기를 늦추면 잎이 굳어 식용으로는 곤란하게 되므로 주의가 필요하다.

가. 시기 및 방법

(1) 시기

봄 수확은 4월 상순~6월 하순에 베는 것을 말한다. 봄베기는 해에 따라 가격의 변동이 심한 것으로 시장의 출하량의 증감도 심하다. 여름 수확은 봄베기를 하지 않고 여름까지 근주를 양성한다. 여름베기는 6월 중순부터 8월 중순에 베는 것으로 여름의 고온건조의 시기로 부추가 극도로 피로하다. 한철의 베기는 보통 4~5회가 표준이다. 이 시기는 고온이기 때문에 출하 수송이 어렵고 또 포기자체 손상 등이 있어 출하량이 적은 시기이다. 이 때문에 여름베기의 경우 수확 2~3년 이상 경과한 묵은 포기를 충분히 비배관리하여 수확 후 폐기처분하는 방법도 있다. 가을수확은 9월 상순~10월 내내 베는 것으로 이 시기는 수량이 많다. 보통의 계절은 4~5회 베는 것이 표준이다. 수확이 끝난 뒤에는 또 내년의 가을까지 포기양성을 실시해 가을베기를 실시한다. 또 다음해에도 같이 되풀이해 간다.

(2) 방법과 회수

아침이슬이 있는 시각 또는 비오는 날의 수확은 잎이 꾸부러짐이 많고 쉽게 썩어 품질이 저하될 수 있으며 오물이 묻기 쉬워 이때의 베기는 세심한 주의가 필요하다. 베는 방법은 잘 드는 칼이나 낫으로 기부(연백부)를 1.5~2cm(제1엽이 붙은 부위) 묻어 오물이 묻지 않게 벤다. 베어낸 부추는 그늘이나 바람이 없는 곳에서 마른 잎이나 병든 잎은 떼어내고 흙을 털어 결속한다. 수확의 횟수는 보통 봄베기는 5~6회 가을베기는 5~6회 여름베기는 4~5회(근주폐기시는 6~7회)를 표준으로 하고 있다. 베는 간격은 10~20일로 1회당 베는 단(1단 100g)수는 10a당 1만단 전후이다. 베는 횟수가 늘어나면 1~2할 정도씩 감소된다.

(표 6-1) 수확횟수별 생육 및 화기특성 (1991, 경북)

예취 횟수 (회)	예취시기 (월. 일)	생육상황(8. 15)			개화기 (월.일)	화경장 (cm)	화경당 결실 꽃 수 (개)	채종량 (kg/10a)
		초장 (cm)	엽 수 (매)	엽폭 (cm)				
1	3. 2	45.7	5.2	0.74	9.7	82.2	50.0	167
2	3. 2, 4. 10	50.1	6.0	0.82	9.7	77.1	49.6	167
3	3. 2, 4. 10, 5. 9	41.3	5.8	0.59	9.7	72.6	35.3	138
4	3. 2, 4. 10, 5. 9, 6. 16	38.4	6.7	0.56	9.7	68.4	36.4	131

수확시간은 너무 아침 일찍 하지 않도록 하고 가능하면 낮에 수확을 하는 것이 유리하며, 수확 시 깊이 베면 뒤의 생육이 늦어진다. 신선도를 유지하고, 1속당 100g씩 결속하여 여름 수확 시 예냉을 하면 보관기간이 길어지는 장점이 있다. 겨울 수확 시 아침 일찍 하고, 고온 시는 피하고 환기 후 물기를 제거한 후 수확하는 것이 좋으며, 여름수확 시는 기온이 낮은 이른 아침에 수확을 한다. 수확횟수가 많을수록 초장, 엽폭은 감소하였지만, 엽 수는 증가하였다.

(3) 수량

시설하우스재배 시 11월에 비닐피복을 하여 이듬해 3월부터 5월까지 예취위치별 수량을 조사한 결과는 (표 6-2)와 같다. 지표면 2cm 예취 시 초장 35cm, 분얼 수 21.5개이었고, 수량은 3,078kg으로 가장 높았으나, 상품성은 떨어졌다. 상품성은 지표면 예취 시 가장 좋았다. 지표면 4cm 예취 시 분얼 수는 지표 2cm 예취구보다 0.4개 많았으나 수량은 다소 떨어졌다.

수확 시 부추를 자르는 높이는 첫 수확 시 3~4cm, 그 후에는 첫 수확의 절단부위에서 1~1.5cm 이상 남기고 수확한다. 시험 결과에 의하면 남겨 놓은 엽초부분의 높이와 생산량과 밀접한 관계가 있다. 4cm를 남겨 놓으면 2cm보다 20~50% 증수되었고 6cm 남겨놓은 것이 40~60% 증수되었다.

(표 6-2) 시설 부추수확 시 예취방법별 생육 및 수량 (1991, 영시)

구분	생육(5/1)		수량 (kg/10a)	상품성
	초장(cm)	분얼 수(개/주)		
지표면 예취	33	19.2	2,509	중
지표면 2cm 예취	35	21.5	3,078	하
지표면 4cm 예취	34	21.9	2,915	하

경기도 양주지역의 연 수확횟수는 일반부추(그린벨트)의 경우 노지재배 시 9회 시설재배 시 12회 수확하였으며, 솔잎부추는 노지 4회, 시설 6회로 수확횟수가 적었다. 수량도 솔잎부추보다 일반부추가 월등히 많았다.

(표 6-3) 부추 재배별, 품종별 수량 (1997, 경기 양주)

품종	구분	1단 무게(g)	1회 평당 수량(단)	연 수확 횟수(회)	수량(단)
일반부추	노지	400	10	9	27,000
	시설	400	12	12	43,200
솔잎부추	노지	200	15	4	18,000
	시설	200	18	6	32,000

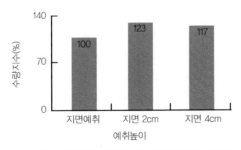

(그림 6-1) 부추 예취 정도별 수량지수(1991, 영시)

(4) 수확 후 관리

수확이 끝난 포기는 1년간 이상 쉬게 하지 않으면 안 된다. 부추는 휴양기간 중에도 크고 있으므로 관리를 해야 한다. 이 관리의 기본은 신주의 양성 때와 대체로 같으나 수확한 잎은 끊겨있기 때문에 그에 따른 관리가 필요한 것이 다른 점이다. 노지재배 부추가 나오기 시작할 때 이 하우스재배는 수확을 중지한다. 이때가 되면 포기는 대단히 약해져 있어 비닐을 제거해 자연 상태로 해주고 제초와 추비를 해 포기(뿌리)를 쉬게 한다.

이와 같이 그대로 두면 여름에는 진딧물의 발생이 많이 심해 살충제를 살포해 방제한다. 또 꽃대가 자라므로 2~3회 걸쳐 따주는 일을 잊어서는 안 된다. 뿌리는 그 뒤 수확을 하지 않으면 가을은 봄보다 큰 포기가 되어 훌륭한 포기를 얻는다. 이것을 11월에 파내어 촉성재배에 사용하거나 때로는 봄 하우스재배에 다시 사용하기도 한다.

가을베기 때는 추위가 시작되어 수확한 포기는 그 후 2~3cm 정도 키워서 겨울을 맞을 준비를 하는데, 11월 하순에 고랑에 짚을 덮어 뿌리를 보호해 줘야한다. 그 외는 이렇다 할 관리를 하지 않고 지상부를 말려 월동시킨다. 봄이 되면 월동한 부추는 생육을 시작한다. 4월과 9월에 추비를 하는데 화학비료를 10a당 1회에 80~100kg 포기 주위에 주고 중경제초를 겸한 흙넣기를 한다. 그 뒤 봄부터 여름까지 부추는 생기 있게 잘 자란다. 잎 길이는 30cm 정도 자라 잎은 굳어지고 분얼 수도 증가된다. 이때는 바람에도 잘 넘어지고 진딧물 발생이 되므로 방제에 주의할 필요가 있다. 또 7~8월이 되면 꽃줄기가 올라와 꽃이 되어 결실을 시작하므로 될 수 있으면 결실되기 전에 빨리 꽃대를 따준다.

봄베기 때가 끝난 근주는 그 뒤 발아해서 여름부터 가을까지 생육을 계속해 분얼을 늘리고 겨울을 맞아 지상부는 마르고 지하부만 남게 된다. 수확 종료 직후 6월 하순~7월 상순에 화학비료를 10a당 80~100kg를 추비로 준다. 그 후에 중경제초 흙넣기를 한다. 여름은 진딧물 같은 병해충 방제를 하여 생육을 촉진시킨다. 또 가을베기 때와 같은 방법으로 꽃대를 따는 것을 잊어서는 안 된다. 그 후 9월 중순이 되면 다시 추비를 주고 중경제초를 하고 겨울 동안 휴간에 짚을 덮어 주는 것이 좋다. 여름베기는 제일 생육이 어려운 시기에 수확하므로 베기가 끝난 포기는 대단히 피로해 있다. 따라서 관수를 하는 것도 근주의 손모를 최소화하는 방법이다. 지친 근주라도 수확 종료 후 생육을 계속해 가을에는 훌륭한 근주가 된다. 그래서 9월 중순경 추비로 화학비료를 봄베기 때와 같은 양을 주어 겨울을 넘긴다. 겨울관리도 가을베기나 겨울베기와 같이 짚을 덮고 4월이 되면 한 번 더 추비를 주고 수확까지 병해충의 방제를 봄·가을베기 때와 같이한다.

나. 출하준비

(1) 부추 다듬기와 결속작업

수확한 후 부추는 직사광선을 받지 않는 따뜻하고 바람이 부는 장소에서 마른 잎, 병든 잎 등 협잡물을 제거한 뒤 뿌리 쪽을 가지런히 잘 맞춘 뒤 500~1,000g을 1단으로 묶는다. 시장 거리가 멀어 시간이 많이 걸릴 때는 감량이 생길 수도 있어 1단의 무게를 10% 정도 더 가산해 1단으로 묶는다. 결속 재료는 고무테이프나 부드럽게 한 짚으로 묶는 두 종류가 있다. 고무링 테이프로 결속

(그림 6-2) 부추 다듬기

시 묶는 곳에 약간에 상처가 생길 수도 있어 얇은 마분지를 폭 2.5cm, 길이 10cm 로 잘라 부추단에 감은 뒤 고무테이프로 묶는다. 부드러운 짚은 사용할 때는 직접 짚을 돌려 묶는다. 최근 결속하는데 손이 많이 들어가기 때문에 부추 묶는 고무테이프로 묶는 방법이나 결속기를 이용하는 등 결속 노력을 절감토록 해야 하겠다.

(2) 포장방법

부추는 높은 신선도를 요구하므로 완전선도 유지를 위한 포장이 꼭 필요하다. 이때까지 시장에 출하되고 있는 채소류를 보면 포장이 불안정할수록 손상이 많다. 따라서 안전한

(그림 6-3) 포장된 부추

포장을 보기 좋게 하는 것도 상품성 향상을 위한 재배기술만큼 중요하며, 특히 부추재배 농가에 강하게 요구되고 있다. 현재 골판지 상자를 이용하고 있으나 일정한 규격 없이 이용하고 있어 품질향상 및 유통상 문제점이 많다. 이제는 규격상자를 제작, 1상자당 40~50단을 넣고 종이테이프 또는 포장용 끈을 이용하도록 한다. 부추를 기름으로 데치거나 볶으면 비타민 A의 전구체인 β-카로틴의 흡수율 증가와 당질, 에너지를 증가시킬 수 있다. 무침이나 김치, 국 등으로 조리하는 방법이 있지만 특히 돼지고기와 함께 조리하면 좋다. 돼지고기에는 비타민 B_1이 듬뿍 들어 있는데 이 비타민 B_1의 흡수를 돕는 유화아릴이라는 성분이 부추에 많기 때문이다. 파 종류에서 보이는 여러 가지 약용효과는 결국 함황성분과 β-카로틴의 작용에 의한 것이다. 다만 같은 파에 속하는 것이라도 그 종류에 따라 함유되어 있는 함황성분이 미묘하게 다르며 그로 말미암아 약용효과도 다르게 된다.

(표 6-4) 부추 가식부분 100g당 생것과 데친 것의 성분함량 (농진청)

영양분	함량		영양분	함량	
	생것	데친 것		생것	데친 것
에너지(kcal)	19	28	철(mg)	0.6	0.6
〃 (kJ)	79	117	나트륨(〃)	1	1
수분(g)	93.1	90.8	칼륨(〃)	450	360
단백질(〃)	2.1	2.3	레티놀(ug)	0	0
지질(〃)	0.1	미량	카로틴(〃)	3,300	4,000
당질(〃)	2.8	5.2	비타민 A효력(IU)	1,800	2,200
섬유질(〃)	0.9	1.1	비타민B_1 (mg)	0.06	0.04
회분(〃)	1.0	0.6	비타민B_2 (〃)	0.19	0.11
칼슘(mg)	50	46	나이아신(〃)	0.6	0.3
인(〃)	32	23	비타민C(〃)	25	10

02
이용

가. 각종요리법 소개

(1) 부추김치

(가) 재료
부추 1단, 멸치젓국 1/3컵, 고춧가루 3큰술, 마늘 3쪽, 생강 1톨, 깨소금(통깨),
소금 조금씩

(나) 만드는 법
· 부추는 통통하고 짧은 것을 분비한다. 가지런히 다듬어 길이로 반을 자른 다음
손에 쥐고 흐르는 물에 살살 흔들어가며 씻어 물기를 뺀다.
· 멸치젓은 물을 붓고 달여 체로 거른 젓국을 준비한다.
· 멸치젓국에 고춧가루 3큰술을 넣고 잘 갠 다음 다진 마늘과 생강을 섞는다.
· 부추에 젓국으로 갠 고춧가루를 넣어 재빨리 뒤섞으면서 가만가만 버무린 다음
소금으로 간을 하고 통깨를 약간 뿌려준다.

(다) 효능

부추김치는 경상도 김치다. 경상도에서는 부추를 솔 또는 정구지라고 부르는데, 영양가가 높고 독특한 향미가 있으며 소화작용을 돕는 채소. 다른 채소에 비해 비타민 A_1, B_2, C, 단백질이 들어있고 유황과 철분도 많은 편이다. 칼슘과 지방이 풍부한 젓갈을 함께 넣어 만들면 영양도 풍부하며 칼칼하고 개운한 맛이 있다.

(2) 부추생즙

(가) 재료

부추 300g(1회용), 케일 150g, 사과 또는 당근 1개

(나) 만드는 법
· 부추는 깨끗한 것을 골라 깨끗이 씻어 적당한 길이로 자른다(①).
· 케일, 사과(또는 당근)도 깨끗이 씻어 적당히 썬다(②).
· ①, ②를 녹즙기나 주서기에 넣고 즙을 짜낸다.
* 손으로 만드는 경우
· 부추를 잘게 썰어 쇠절구에 넣고 짓찧는다.
· 찧은 것에 물을 조금씩 가하면서 고루 촉촉이 버무린다.
· 삼베 헝겊이나 가재에 ②를 넣고 짜서 당근즙, 사과즙과 혼용한다.

(3) 부추해물잡채

(가) 재료

낙지 1마리, 홍합 4개, 조갯살 50g, 소라 4개, 부추 1단, 피망 4개, 적피망 1개, 당근 60g, 파, 마늘, 식용유, 당면 200g, 간장 4큰술, 깨소금 1큰술, 참기름 1큰술

(나) 만드는 법
· 낙지와 홍합, 조갯살은 소금물에 씻어 잡물을 뺀다.
· 손질한 해물을 끓는 물에 데쳐내어 낙지는 4cm 길이로 홍합은 어슷하게 저미고 소라는 얇게 썬다.

· 부추는 4cm 길이로 썰고 피망은 반으로 갈라 씨를 빼고 굵게 채 썬다.

· 당면은 삶아서 짧게 자른다.

· 팬에 마늘과 파를 넣고 기름을 넉넉히 두르고 볶다가 향이 나는 해물을 넣고 다시 채소를 넣어 볶아낸다.

· 당면을 팬에 넣고 볶다가 간장과 설탕으로 간을 하고 다시 볶은 재료를 합한 뒤 깨소금. 참기름을 넣어 볶아낸다.

(4) 부추 맛살 달걀볶음

(가) 재료
부추 150g, 게맛살 큰 것 2개, 달걀 2개, 다진 마늘 1작은술, 소금, 통깨, 식용유

(나) 만드는 법
· 부추는 깨끗이 다듬어 5-6cm 길이로 썰어 놓는다.

· 게맛살은 두께를 반으로 포 뜬 뒤 채 썰고 달걀은 풀어 놓는다.

· 넓은 프라이팬에 식용유를 넣고 다진 마늘과 부추를 넣어 살짝 볶은 다음 게맛살을 넣고 소금으로 간을 맞춘다(③).

· 프라이팬 가장자리로 ③의 재료를 밀어놓고 중심에 기름을 한 숟갈 넣은 다음 달걀을 부어 반숙이 되었을 때 부추와 살며시 연결하여 볶는다.

(5) 부추전

(가) 재료
부추 100g, 밀가루 1컵 반, 달걀 2개, 홍고추 1개, 물오징어 또는 맛살, 소금, 식용유, 초간장 또는 초고추장

(나) 만드는 법
· 부추는 깨끗이 씻어 3cm 길이로 썰어 놓고, 홍고추는 배를 갈라 씨를 털어내고 곱게 채 썰어 놓는다(①).

· 물오징어는 데쳐서 물기를 빼고 가늘게 썰고 맛살의 경우 찢어놓는다(②).

· 물에 달걀을 잘 푼 다음 밀가루를 넣고 소금으로 간하여 멍울이 생기지 않도록 섞는다(③).
· ③에 ①, ②의 재료를 넣어 섞는다(④).
· 프라이팬에 기름을 넉넉히 붓고 ④의 반죽을 부어 노릇노릇하게 전을 부친다.
· 한입 크기로 썰어 접시에 가지런히 담고 초간장이나 초고추장을 곁들여 낸다.

(6) 부추 달걀말이튀김

(가) 재료
부추 200g, 달걀 3개, 맛살 큰 것 2개, 밀가루, 식용유, 소금, 후추

(나) 만드는 법
· 달걀에 소금을 넣고 잘 푼 뒤 2장의 달걀지단을 부쳐 놓는다.
· 부추는 다듬어 5cm 길이로 썰고 맛살도 썬다.
· 팬에 기름을 넣고 부추와 맛살을 넣고 볶으면서 소금, 후추로 간을 한 다음 밀가루를 조금 뿌려 끈기 있도록 볶는다(③).
· 밀가루에 물을 넣어 촉촉하게 반죽해 놓는다(④).
· 김발에 지단을 놓고 가장자리에 ④의 밀가루 풀을 바른 다음 ③의 부추볶음을 놓고 팽팽하게 말아 양끝에는 대꼬치로 풀어지지 않도록 고정시킨다(⑤).
· 프라이팬에 기름을 넉넉히 넣고 뜨거워지면 ⑤의 재료를 넣어 튀겨 낸 다음 식으면 한입 크기로 썰어 그릇에 담아낸다.

(7) 부추 양장피냉채

(가) 재료
달걀 3개, 오이 1개, 당근 80g, 양장피 1장, 소금, 식용유, 부추잡채(부추 100g, 목이 3장, 돼지고기 80g, 간장, 소금, 후추, 다진 생강, 참기름, 식용유), 겨자소스(겨자 2큰술, 육수 3큰술, 설탕 2큰술, 식초 2큰술, 소금, 참기름)

(나) 만드는 법

· 달걀은 흰자, 노른자 2장의 지단을 각각 부쳐 곱게 채 썬다.
· 오이는 5cm 길이로 돌려 깎아 채 썰고 당근도 5cm로 채 썬다.
· 양장피를 끓는 물에 데치고 참기름에 잠시 담갔다가 건져 먹기 좋게 찢어놓는다.
· 겨자를 뜨거운 육수나 물로 촉촉하게 갠 뒤 설탕, 식초, 소금, 참기름을 넣어 묽은 겨자 초장을 만든다.
· 부추는 5cm 길이로 썬다. 돼지고기는 채 썰어 다진 생강, 간장, 후추로 양념하고 목이는 물에 불려 채 썬다.
· 팬에 기름을 넣고 양념한 고기를 볶은 뒤 부추와 목이를 넣어 볶으면서 소금으로 간을 한다.
· 접시에 달걀지단 황백, 오이, 당근채를 가지런히 돌려 담고 가운데 양장피를 깐다.
· 양장피 위에 부추잡채를 얹은 다음 겨자초장을 끼얹어 고루 섞어 먹는다.

나. 민간요법

〈본초강목〉(本草綱目)을 보면 부추는 온신고정(溫腎固精)의 효과가 있다고 기록되어 있다. 동양의학에서 말하는 '신(腎)'이란 신장(腎臟)뿐만 아니라 고환이나 부신(副腎)등 호르몬을 분비하는 기관을 비롯하여 비뇨생식기 계통 전반을 일컫는다. 즉, '온신고정'이란 신허(腎虛)를 다스린다는 의미로서, 부추에는 몸을 따뜻하게 하고 기능을 항진(亢進)시키는 효능이 있음을 말한다. 부추를 기양초 (起陽草)라고도 부르는데, 문자 그대로 양기를 북돋워주는 채소라는 뜻이다. 예로부터 오신(五辛)이니 오훈(五葷)이니 하여 다섯 가지의 맵고 냄새나는 채소가 있다고 했는데, 마늘, 달래, 무릇, 김장파, 새파 등으로 수도(修道)를 하는 사람들은 먹어서는 안 된다고 했다. 부추는 성질이 약간 따뜻하고 맛은 시고 맵고 떫으며 독이 없다. 날 것으로 먹으면 아픔을 멎게 하고 독을 풀어준다. 익혀 먹으면 위장을 튼튼하게 해주고 설정(泄精)을 막아준다. 불교에서 파나 마늘, 부추 같은 냄새가 강한 야채는 일체 먹지 말라고 되어 있는데 이는 부추가 정력증강 효과가 있으므로 수행(修行)에 방해가 된다고 생각하였기 때문이다.
부추는 위가 거북할 때 변비, 냉증, 설사 또는 빈혈이나 감기의 예방에 효과적이다.

냉증이나 감기, 설사에는 몸을 따뜻하게 하는 부추를 넣어 된장찌개나 국을 끓여 먹으면 효과가 있다. 그리고 위가 거북하거나 입덧이 심할 때는 짓찧어서 짠 즙에 우유와 꿀을 타서 마시면 좋다. 또 부추에는 혈액순환을 좋게 하여 묵은 혈액을 배설하는 성질도 있어 타박상으로 부은 곳이나 동상, 피가 날 때, 상처 부위 등에 짓찧어서 즙을 바르면 치료 효과를 발휘한다. 구토가 날 때 부추의 즙을 만들어서 생강즙을 조금 타서 마시면 잘 멎는다. 산후통에도 감초와 함께 달여 먹으면 효험이 큰 것으로 알려졌고 이질과 빈혈 등에도 효력이 있다고 한다. 그러나 많이 먹으면 설사를 할 수 있으므로 특히 알레르기 체질인 사람은 삼가는 편이 좋다

(1) 부추의 민간요법

· 목이 부어서 아프고 음식이 넘어가지 않을 때 : 날부추를 찧어 약간 볶아 목 주위에 붙이고 식으면 갈아준다.

· 잘 때 땀이 나는 데 : 부추 뿌리 49개를 물 2되를 부어 반으로 달여서 여러 번 나누어 마신다.

· 귀에 벌레가 들어갔을 때, 귀에서 진물이 흘러나올 때 : 부추즙 몇방울을 귀에 떨어뜨리면 벌레가 나오고 귀에서 진물이 멈춘다.

· 각종 식중독 : 빨리 부추를 찧어 즙을 만들어 마시면 곧 풀어진다.

· 치질로 몹시 아플 때 : 부추잎과 뿌리 날 것 1.2kg(2근)을 삶은 물에서 나오는 뜨거운 김을 쐬고 그 물로 여러 번 씻는다.

· 충치통, 치통 : 부추를 기와 위에다 놓고 까맣게 구운 뒤 갈아서 가루로 만든 다음 이것을 참기름에 개어 충치 구멍에 넣으면 곧 낫는다.

· 가슴이 답답하고 아플 때, 기천(氣喘) : 부추씨 가루 1되와 쌀가루 1되를 반죽하여 찜통에 쪄서 떡을 만들어 이것을 매일 세 차례 주식으로 하면 1개월 안에 효력을 본다.

· 구역질, 반위(反胃) : 신선한 부추즙 1큰술과 우유 1컵을 함께 끓여 한 번에 복용한다. 이것을 매일 3~5회 거듭하면 매우 효력이 있다.

· 종기가 부어서 아플 때 : 부추 뿌리를 찧어서 돼지기름에 개어 바르면 효과가 있다. 소양증에도 효과가 있다.

· 오줌 싸는 데 : 매일 아침저녁으로 공복에 약간의 소금을 탄 온수에 부추씨(어른

40알, 아동 15알, 유아 5알)를 함께 오래도록 복용하면 효과가 있다.

· 소변이 막혀서 통하지 않을 때 : 부추씨를 반 정도 볶아서 가루로 만든 뒤 매일 3차례 식전마다 약 12g씩 복용한다. 소아는 반량을 복용한다.

· 유뇨(遺尿), 야뇨(夜尿) : 매일 아침 식전과 취침 전에 담염수(淡鹽水)로 부추씨 20알씩 3-5일간 복용한다. 소아일 경우 반량하고 중한 환자는 배로 한다. 효력이 있어도 계속 복용하면 장양(壯陽), 강음(强陰)의 효력이 있다.

· 아메바성 이질 : 부추 반근(300g)을 붕어 1마리와 물 5사발로 푹 고아 반이 되면 3등분 하여 매일 3차례 식전마다 1등분하여 따끈하게 데워서 복용한다.

· 여자의 대하, 남자의 양구가 위축하거나 조루할 때 : 부추씨 5되를 식초 4되, 물 3되를 섞은 것에 넣어 6시간 동안 삶아 꺼낸 뒤 다시 불에 구워 말린다. 이 씨를 가루로 만들어 물에 갠 뒤 녹두알만 한 환약을 빚는다. 이것을 매일 아침, 점심, 저녁 공복에 따끈한 술로 30~40알 씩 먹는다. 장복하면 양기를 늘려주고 대하를 제거해 준다. 허리나 허벅지 통증, 신경통도 치료된다.

· 적 · 백 대하(赤 · 百 帶下) : 부추즙 1컵에 생강즙 1큰술을 섞어 데운 후 공복에 매일 2-3차례 먹는다.

부록

알기 쉬운

농업용어

ㄱ

가건(架乾)	걸어 말림
가경지(可耕地)	농사지을 수 있는 땅
가리(加里)	칼리
가사(假死)	기절
가식(假植)	임시 심기
가열육(加熱肉)	익힘 고기
가온(加溫)	온도높임
가용성(可溶性)	녹는, 가용성
가자(茄子)	가지
가잠(家蠶)	집누에, 누에
가적(假積)	임시 쌓기
가토(家兎)	집토끼, 토끼
가피(痂皮)	딱지
가해(加害)	해를 입힘
각(脚)	다리
각대(脚帶)	다리띠, 각대
각반병(角斑病)	모무늬병, 각반병

각피(殼皮)	겉껍질
간(干)	절임
간극(間隙)	틈새
간단관수(間斷灌水)	물걸러대기
간벌(間伐)	솎아내어 베기
간색(稈色)	줄기색
간석지(干潟地)	개펄, 개땅
간식(間植)	사이심기
간이잠실(簡易蠶室)	간이누엣간
간인기(間引機)	솎음기계
간작(間作)	사이짓기
간장(稈長)	키, 줄기길이
간채류(幹菜類)	줄기채소
간척지(干拓地)	개막은 땅, 간척지
갈강병(褐疆病)	갈색굳음병
갈근(葛根)	칡뿌리
갈문병(褐紋病)	갈색무늬병
갈반병(褐斑病)	갈색점무늬병, 갈반병
갈색엽고병(褐色葉枯病)	갈색잎마름병
감과앵도(甘果櫻挑)	단앵두
감람(甘籃)	양배추
감미(甘味)	단맛
감별추(鑑別雛)	암수가린병아리, 가린병아리
감시(甘)	단감
감옥촉서(甘玉蜀黍)	단옥수수
감자(甘蔗)	사탕수수
감저(甘藷)	고구마
감주(甘酒)	단술, 감주
갑충(甲蟲)	딱정벌레

강두(豆)	동부	건경(乾莖)	마른 줄기
강력분(强力粉)	차진 밀가루, 강력분	건국(乾麴)	마른누룩
강류(糠類)	등겨	건답(乾畓)	마른 논
강전정(强剪定)	된다듬질, 강전정	건마(乾麻)	마른삼
강제환우(制換羽)	강제 털갈이	건못자리	마른 못자리
강제휴면(制休眠)	움 재우기	건물중(乾物重)	마른 무게
개구기(開口器)	입벌리개	건사(乾飼)	마른 먹이
개구호흡(開口呼吸)	입 벌려 숨쉬기,	건시(乾)	곶감
	벌려 숨쉬기	건율(乾栗)	말린 밤
개답(開畓)	논풀기, 논일구기	건조과일(乾燥과일)	말린 과실
개식(改植)	다시 심기	건조기(乾燥機)	말림틀, 건조기
개심형(開心形)	깔때기 모양,	건조무(乾燥무)	무말랭이
	속이 훤하게 드러남	건조비율(乾燥比率)	마름률, 말림률
개열서(開裂)	터진 감자	건조화(乾燥花)	말린 꽃
개엽기(開葉期)	잎필 때	건채(乾采)	말린 나물
개협(開莢)	꼬투리 틤	건초(乾草)	말린 풀
개화기(開花期)	꽃필 때	건초조제(乾草調製)	꼴(풀) 말리기,
개화호르몬(開和hormome)	꽃피우기호르몬		마른 풀 만들기
객담(喀啖)	가래	건토효과(乾土效果)	마른 흙 효과, 흙말림 효과
객토(客土)	새흙넣기	검란기(檢卵機)	알 검사기
객혈(喀血)	피를 토함	격년(隔年)	해거리
갱신전정(更新剪定)	노쇠한 나무를 젊은 상태로	격년결과(隔年結果)	해거리 열림
	재생장시키기 위한 전정	격리재배(隔離栽培)	따로 가꾸기
갱신지(更新枝)	바꾼 가지	격사(隔沙)	자리떼기
거세창(去勢創)	불친 상처	격왕판(隔王板)	왕벌막이
거접(据接)	제자리접	"격휴교호벌채법	이랑 건너 번갈아 베기
건(腱)	힘줄	(隔畦交互採法)"	
건가(乾架)	말림틀	견(繭)	고치
건견(乾繭)	말린 고치, 고치말리기	견사(繭絲)	고치실(실크)

견중(繭重)	고치 무게	경엽(硬葉)	굳은 잎
견질(繭質)	고치질	경엽(莖葉)	줄기와 잎
견치(犬齒)	송곳니	경우(頸羽)	목털
견흑수병(堅黑穗病)	속깜부기병	경운(耕耘)	흙 갈이
결과습성(結果習性)	열매 맺음성, 맺음성	경운심도(耕耘深度)	흙 갈이 깊이
결과절위(結果節位)	열림마디	경운조(耕耘爪)	갈이날
결과지(結果枝)	열매가지	경육(頸肉)	목살
결구(結球)	알들이	경작(硬作)	짓기
결속(結束)	묶음, 다발, 가지묶기	경작지(硬作地)	농사땅, 농경지
결실(結實)	열매맺기, 열매맺이	경장(莖長)	줄기길이
결주(缺株)	빈포기	경정(莖頂)	줄기끝
결핍(乏)	모자람	경증(輕症)	가벼운증세, 경증
결협(結莢)	꼬투리맺음	경태(莖太)	줄기굵기
경경(莖徑)	줄기굵기	경토(耕土)	갈이흙
경골(脛骨)	정강이뼈	경폭(耕幅)	갈이 너비
경구감염(經口感染)	입감염	경피감염(經皮感染)	살갗 감염
경구투약(經口投藥)	약 먹이기	경화(硬化)	굳히기, 굳어짐
경련(痙攣)	떨림, 경련	경화병(硬化病)	굳음병
경립종(硬粒種)	굳음씨	계(鷄)	닭
경백미(硬白米)	멥쌀	계관(鷄冠)	닭볏
경사지상전(傾斜地桑田)	비탈 뽕밭	계단전(階段田)	계단밭
경사휴재배(傾斜畦栽培)	비탈 이랑 가꾸기	계두(鷄痘)	닭마마
경색(梗塞)	막힘, 경색	계류우사(繫留牛舍)	외양간
경산우(經産牛)	출산 소	계목(繫牧)	매어기르기
경수(硬水)	센물	계분(鷄糞)	닭똥
경수(莖數)	줄깃수	계사(鷄舍)	닭장
경식토(硬埴土)	점토함량이 60% 이하인 흙	계상(鷄箱)	포갬 벌통
경실종자(硬實種子)	굳은 씨앗	계속한천일수	계속 가뭄일수
경심(耕深)	깊이 갈이	(繼續旱天日數)	

계역(鷄疫)	닭돌림병	공시충(供試)	시험벌레
계우(鷄羽)	닭털	공태(空胎)	새끼를 배지 않음
계육(鷄肉)	닭고기	공한지(空閒地)	빈땅
고갈(枯渴)	마름	공협(空莢)	빈꼬투리
고랭지재배(高冷地栽培)	고랭지가꾸기	과경(果徑)	열매의 지름
고미(苦味)	쓴맛	과경(果梗)	열매 꼭지
고사(枯死)	말라죽음	과고(果高)	열매 키
고삼(苦蔘)	너삼	과목(果木)	과일나무
고설온상(高設溫床)	높은 온상	과방(果房)	과실송이
고숙기(枯熟期)	고쇤 때	과번무(過繁茂)	웃자람
고온장일(高溫長日)	고온으로 오래 볕쬐기	과산계(寡産鷄)	알적게 낳는 닭,
고온저장(高溫貯藏)	높은 온도에서 저장		적게 낳는 닭
고접(高接)	높이 접붙임	과색(果色)	열매 빛깔
고조제(枯凋劑)	말림약	과석(過石)	과린산석회, 과석
고즙(苦汁)	간수	과수(果穗)	열매송이
고취식압조(高取式壓條)	높이 떼기	과수(顆數)	고치수
고토(苦土)	마그네슘	과숙(過熟)	농익음
고휴재배(高畦栽培)	높은 이랑 가꾸기(재배)	과숙기(過熟期)	농익을 때
곡과(曲果)	굽은 과실	과숙잠(過熟蠶)	너무익은 누에
곡류(穀類)	곡식류	과실(果實)	열매
곡상충(穀象)	쌀바구미	과심(果心)	열매 속
곡아(穀蛾)	곡식나방	과아(果芽)	과실 눈
골간(骨幹)	뼈대, 골격, 골간	과엽충(瓜葉)	오이잎벌레
골격(骨格)	뼈대, 골간, 골격	과육(果肉)	열매 살
골분(骨粉)	뼛가루	과장(果長)	열매 길이
골연증(骨軟症)	뼈무름병, 골연증	과중(果重)	열매 무게
공대(空袋)	빈 포대	과즙(果汁)	과일즙, 과즙
공동경작(共同耕作)	어울려 짓기	과채류(果菜類)	열매채소
공동과(空胴果)	속 빈 과실	과총(果叢)	열매송이, 열매송이 무리

과피(果皮)	열매 껍질	구근(球根)	알 뿌리
과형(果形)	열매 모양	구비(廐肥)	외양간 두엄
관개수로(灌漑水路)	논물길	구서(驅鼠)	쥐잡기
관개수심(灌漑水深)	댄 물깊이	구순(口脣)	입술
관수(灌水)	물주기	구제(驅除)	없애기
관주(灌注)	포기별 물주기	구주리(歐洲李)	유럽자두
관행시비(慣行施肥)	일반적인 거름 주기	구주율(歐洲栗)	유럽밤
광견병(狂犬病)	미친개병	구주종포도(歐洲種葡萄)	유럽포도
광발아종자(光發芽種子)	볕밭이씨	구중(球重)	알 무게
광엽(廣葉)	넓은 잎	구충(驅蟲)	벌레 없애기, 기생충 잡기
광엽잡초(廣葉雜草)	넓은 잎 잡초	구형아접(鉤形芽接)	갈고리눈접
광제잠종(製虀種)	돌뱅이누에씨	국(麴)	누룩
광파재배(廣播栽培)	넓게 뿌려 가꾸기	군사(群飼)	무리 기르기
괘대(掛袋)	봉지씌우기	궁형정지(弓形整枝)	활꽃나무 다듬기
괴경(塊莖)	덩이줄기	권취(卷取)	두루말이식
괴근(塊根)	덩이뿌리	규반비(硅攀比)	규산 알루미늄 비율
괴상(塊狀)	덩이꼴	균경(菌莖)	버섯 줄기, 버섯대
교각(橋角)	뿔 고치기	균류(菌類)	곰팡이류, 곰팡이붙이
교맥(蕎麥)	메밀	균사(菌絲)	팡이실, 곰팡이실
교목(喬木)	큰키 나무	균산(菌傘)	버섯갓
교목성(喬木性)	큰키 나무성	균상(菌床)	버섯판
교미낭(交尾囊)	정받이 주머니	균습(菌褶)	버섯살
교상(咬傷)	물린 상처	균열(龜裂)	터짐
교질골(膠質骨)	아교질 뼈	균파(均播)	고루뿌림
교호벌채(交互伐採)	번갈아 베기	균핵(菌核)	균씨
교호작(交互作)	엇갈이 짓기	균핵병(菌核病)	균씨병, 균핵병
구강(口腔)	입안	균형시비(均衡施肥)	거름 갖춰주기
구경(球莖)	알 줄기	근경(根莖)	뿌리줄기
구고(球高)	알 높이	근계(根系)	뿌리 뻗음새

근교원예(近郊園藝)	변두리 원예	기형수(畸形穗)	기형이삭
근군분포(根群分布)	뿌리 퍼짐	기호성(嗜好性)	즐기성, 기호성
근단(根端)	뿌리끝	기휴식(寄畦式)	모듬이랑식
근두(根頭)	뿌리머리	길경(桔梗)	도라지
근류균(根瘤菌)	뿌리혹박테리아, 뿌리혹균		
근모(根毛)	뿌리털	**ㄴ**	
근부병(根腐病)	뿌리썩음병		
근삽(根揷)	뿌리꽂이	나맥(裸麥)	쌀보리
근아충(根)	뿌리혹벌레	나백미(白米)	찹쌀
근압(根壓)	뿌리압력	나종(種)	찰씨
근얼(根蘖)	뿌리벌기	나흑수병(裸黑穗病)	겉깜부기병
근장(根長)	뿌리길이	낙과(落果)	떨어진 열매, 열매 떨어짐
근접(根接)	뿌리접	낙농(酪農)	젖소 치기, 젖소양치기
근채류(根菜類)	뿌리채소류	낙뢰(落)	떨어진 망울
근형(根形)	뿌리모양	낙수(落水)	물 떼기
근활력(根活力)	뿌리힘	낙엽(落葉)	진 잎, 낙엽
급사기(給飼器)	모이통, 먹이통	낙인(烙印)	불도장
급상(給桑)	뽕주기	낙화(落花)	진 꽃
급상대(給桑臺)	채반받침틀	낙화생(落花生)	땅콩
급상량(給桑量)	뽕주는 양	난각(卵殼)	알 껍질
급수기(給水器)	물그릇, 급수기	난기운전(暖機運轉)	시동운전
급이(給飴)	먹이	난도(亂蹈)	날뜀
급이기(給飴器)	먹이통	난중(卵重)	알무게
기공(氣孔)	숨구멍	난형(卵形)	알모양
기관(氣管)	숨통, 기관	난황(卵黃)	노른자위
기비(基肥)	밑거름	내건성(耐乾性)	마름견딜성
기잠(起蠶)	인누에	내구연한(耐久年限)	견디는 연수
기지(忌地)	땅가림	내냉성(耐冷性)	찬기운 견딜성
기형견(畸形繭)	기형고치	내도복성(耐倒伏性)	쓰러짐 견딜성

내반경(內返耕)	안쪽 돌아갈이	녹비작물(綠肥作物)	풋거름 작물
내병성(耐病性)	병 견딜성	녹비시용(綠肥施用)	풋거름 주기
내비성(耐肥性)	거름 견딜성	녹사료(綠飼料)	푸른 사료
내성(耐性)	견딜성	녹음기(綠陰期)	푸른철, 숲 푸른철
내염성(耐鹽性)	소금기 견딜성	녹지삽(綠枝揷)	풋가지꽂이
내충성(耐性)	벌레 견딜성	농번기(農繁期)	농사철
내피(內皮)	속껍질	농병(膿病)	고름병
내피복(內被覆)	속덮기, 속덮개	농약살포(農藥撒布)	농약 뿌림
내한(耐旱)	가뭄 견딤	농양(膿瘍)	고름집
내향지(內向枝)	안쪽 뻗은 가지	농업노동(農業勞動)	농사품, 농업노동
냉동육(冷凍肉)	얼린 고기	농종(膿腫)	고름종기
냉수관개(冷水灌漑)	찬물대기	농지조성(農地造成)	농지일구기
냉수답(冷水畓)	찬물 논	농축과즙(濃縮果汁)	진한 과즙
냉수용출답(冷水湧出畓)	샘논	농포(膿泡)	고름집
냉수유입답(冷水流入畓)	찬물받이 논	농혈증(膿血症)	피고름증
냉온(冷溫)	찬기	농후사료(濃厚飼料)	기름진 먹이
노	머위	뇌	봉오리
노계(老鷄)	묵은 닭	뇌수분(受粉)	봉오리 가루받이
노목(老木)	늙은 나무	누관(淚管)	눈물관
노숙유충(老熟幼蟲)	늙은 애벌레, 다 자란 유충	누낭(淚囊)	눈물 주머니
노임(勞賃)	품삯	누수답(漏水畓)	시루논
노지화초(露地花草)	한데 화초		
노폐물(老廢物)	묵은 찌꺼기	**ㄷ**	
노폐우(老廢牛)	늙은 소		
노화(老化)	늙음	다(茶)	차
노화묘(老化苗)	쇤모	다년생(多年生)	여러해살이
노후화답(老朽化畓)	해식은 논	다년생초화(多年生草化)	여러해살이 꽃
녹변(綠便)	푸른 똥	다독아(茶毒蛾)	차나무독나방
녹비(綠肥)	풋거름	다두사육(多頭飼育)	무리기르기
		다모작(多毛作)	여러 번 짓기

다비재배(多肥栽培)	길게 가꾸기	단원형(短圓型)	둥근모양
다수확품종(多收穫品種)	소출 많은 품종	단위결과(單爲結果)	무수정 열매맺음
다육식물(多肉植物)	잎이나 줄기에 수분이 많은 식물	단위결실(單爲結實)	제꽃 열매맺이, 제꽃맺이
		단일성식물(短日性植物)	짧은볕식물
다즙사료(多汁飼料)	물기 많은 먹이	단자삽(團子揷)	경단꽂이
다화성잠저병(多化性蠶疽病)	누에쉬파리병	단작(單作)	홑짓기
다회육(多回育)	여러 번 치기	단제(單蹄)	홑굽
단각(斷角)	뿔자르기	단지(短枝)	짧은 가지
단간(斷稈)	짧은키	담낭(膽囊)	쓸개
단간수수형품종 (短稈穗數型品種)	키작고 이삭 많은 품종	담석(膽石)	쓸개돌
		담수(湛水)	물 담김
단간수중형품종 (短稈穗重型品種)	키작고 이삭 큰 품종	담수관개(湛水灌漑)	물 가두어 대기
		담수직파(湛水直播)	무논뿌림, 무논 바로 뿌리기
단경기(端境期)	때아닌 철	담자균류(子菌類)	자루곰팡이붙이,자루곰팡이류
단과지(短果枝)	짧은 열매가지, 단과지	담즙(膽汁)	쓸개즙
단교잡종(單交雜種)	홑트기씨, 단교잡종	답리작(畓裏作)	논뒷그루
단근(斷根)	뿌리끊기	답압(踏壓)	밟기
단립구조(單粒構造)	홑알 짜임	답입(踏)	밟아넣기
단립구조(團粒構造)	떼알 짜임	답작(畓作)	논농사
단망(短芒)	짧은 가락	답전윤환(畓田輪換)	논밭 돌려짓기
단미(斷尾)	꼬리 자르기	답전작(畓前作)	논앞그루
단소전정(短剪定)	짧게 치기	답차륜(畓車輪)	논바퀴
단수(斷水)	물 끊기	답후작(畓後作)	논뒷그루
단시형(短翅型)	짧은날개꼴	당약(蒿藥)	쓴 풀
단아(單芽)	홑눈	대국(大菊)	왕국화, 대국
단아삽(短芽揷)	외눈꺾꽂이	대두(大豆)	콩
단안(單眼)	홑눈	대두박(大豆粕)	콩깻묵
단열재료(斷熱材料)	열을 막아주는 재료	대두분(大豆粉)	콩가루
단엽(單葉)	홑잎	대두유(大豆油)	콩기름

대립(大粒)	굵은알	독제(毒劑)	독약, 독제
대립종(大粒種)	굵은씨	돈(豚)	돼지
대마(大麻)	삼	돈단독(豚丹毒)	돼지단독(병)
대맥(大麥)	보리, 겉보리	돈두(豚痘)	돼지마마
대맥고(大麥藁)	보릿짚	돈사(豚舍)	돼지우리
대목(臺木)	바탕나무,	돈역(豚疫)	돼지돌림병
	바탕이 되는 나무	돈콜레라(豚cholerra)	돼지콜레라
대목아(臺木牙)	대목눈	돈폐충(豚肺)	돼지폐충
대장(大腸)	큰창자	동고병(胴枯病)	줄기마름병
대추(大雛)	큰병아리	동기전정(冬期剪定)	겨울가지치기
대퇴(大腿)	넓적다리	동맥류(動脈瘤)	동맥혹
도(桃)	복숭아	동면(冬眠)	겨울잠
도고(稻藁)	볏짚	동모(冬毛)	겨울털
도국병(稻麴病)	벼이삭누룩병	동백과(冬栢科)	동백나무과
도근식엽충(稻根葉蟲)	벼뿌리잎벌레	동복자(同腹子)	한배 새끼
도복(倒伏)	쓰러짐	동봉(動蜂)	일벌
도복방지(倒伏防止)	쓰러짐 막기	동비(冬肥)	겨울거름
도봉(盜蜂)	도둑벌	동사(凍死)	얼어죽음
도수로(導水路)	물 댈 도랑	동상해(凍霜害)	서리피해
도야도아(稻夜盜蛾)	벼도둑나방	동아(冬芽)	겨울눈
도장(徒長)	웃자람	동양리(東洋李)	동양자두
도장지(徒長枝)	웃자람 가지	동양리(東洋梨)	동양배
도적아충(挑赤)	복숭아붉은진딧물	동작(冬作)	겨울가꾸기
도체율(屠體率)	통고기율, 머리, 발목,	동작물(多作物)	겨울작물
	내장을 제외한 부분	동절견(胴切繭)	허리 얇은 고치
도포제(塗布劑)	바르는 약	동채(冬菜)	무갓
도한(盜汗)	식은땀	동통(疼痛)	아픔
독낭(毒囊)	독주머니	동포자(冬胞子)	겨울 홀씨
독우(犢牛)	송아지	동할미(胴割米)	금간 쌀

동해(凍害)	언 피해	만생상(晚生桑)	늦뽕
두과목초(豆科牧草)	콩과 목초(풀)	만생종(晚生種)	늦씨, 늦게 가꾸는 씨앗
두과작물(豆科作物)	콩과작물	만성(蔓性)	덩굴쇠
두류(豆類)	콩류	만성식물(蔓性植物)	덩굴성식물, 덩굴식물
두리(豆李)	콩배	만숙(晚熟)	늦익음
두부(頭部)	머리, 두부	만숙립(晚熟粒)	늦여문알
두유(豆油)	콩기름	만식(晚植)	늦심기
두창(痘瘡)	마마, 두창	만식이앙(晚植移秧)	늦모내기
두화(頭花)	머리꽃	만식재배(晚植栽培)	늦심어 가꾸기
둔부(臀部)	궁둥이	만연(蔓延)	번짐, 퍼짐
둔성발정(鈍性發精)	미약한 발정	만절(蔓切)	덩굴치기
드릴파	좁은줄뿌림	만추잠(晚秋蠶)	늦가을누에
등숙기(登熟期)	여뭄 때	만파(晚播)	늦뿌림
등숙비(登熟肥)	여뭄 거름	만할병(蔓割病)	덩굴쪼개병
		만화형(蔓化型)	덩굴지기
ㅁ		망사피복(網紗避覆)	망사덮기, 망사덮개
		망입(網入)	그물넣기
마두(馬痘)	말마마	망장(芒長)	까락길이
마령서(馬鈴薯)	감자	망진(望診)	겉보기 진단, 보기 진단
마령서아(馬鈴薯蛾)	감자나방	망취법(網取法)	그물 떼내기법
마록묘병(馬鹿苗病)	키다리병	매(梅)	매실
마사(馬舍)	마굿간	매간(梅干)	매실절이
마쇄(磨碎)	갈아부수기, 갈부수기	매도(梅挑)	앵두
마쇄기(磨碎機)	갈아 부수개	매문병(煤紋病)	그을음무늬병, 매문병
마치종(馬齒種)	말이씨, 오목씨	매병(煤病)	그을음병
마포(麻布)	삼베, 마포	매초(埋草)	담근 먹이
만기재배(晚期栽培)	늦가꾸기	맥간류(麥稈類)	보릿짚류
만반(蔓返)	덩굴뒤집기	맥강(麥糠)	보릿겨
만상(晚霜)	늦서리	맥답(麥畓)	보리논
만상해(晚霜害)	늦서리 피해		

맥류(麥類)	보리류	모피(毛皮)	털가죽
맥발아충(麥髮)	보리깔진딧물	목건초(牧乾草)	목초 말린풀
맥쇄(麥碎)	보리싸라기	목단(牧丹)	모란
맥아(麥蛾)	보리나방	목본류(木本類)	나무붙이
맥전답압(麥田踏壓)	보리밭 밟기, 보리 밟기	목야(초)지(牧野草地)	꼴밭, 풀밭
맥주맥(麥酒麥)	맥주보리	목제잠박(木製蠶箔)	나무채반, 나무누에채반
맥후작(麥後作)	모리뒷그루	목책(牧柵)	울타리, 목장 울타리
맹	등에	목초(牧草)	꼴, 풀
맹아(萌芽)	움	몽과(果)	망고
멀칭(mulching)	바닥덮기	몽리면적(蒙利面積)	물 댈 면적
면(眠)	잠	묘(苗)	모종
면견(綿繭)	솜고치	묘근(苗根)	모뿌리
면기(眠期)	잠잘때	묘대(苗垈)	못자리
면류(麵類)	국수류	묘대기(苗垈期)	못자리때
면실(棉實)	목화씨	묘령(苗齡)	모의 나이
면실박(棉實粕)	목화씨깻묵	묘매(苗)	멍석딸기
면실유(棉實油)	목화씨기름	묘목(苗木)	모나무
면양(緬羊)	털염소	묘상(苗床)	모판
면잠(眠蠶)	잠누에	묘판(苗板)	못자리
면제사(眠除沙)	잠똥갈이	무경운(無耕耘)	갈지 않음
면포(棉布)	무명(베), 면포	무기질토양(無機質土壤)	무기질 흙
면화(棉花)	목화	무망종(無芒種)	까락 없는 씨
명거배수(明渠排水)	겉도랑 물빼기, 겉도랑빼기	무종자과실(無種子果實)	씨 없는 열매
모계(母鷄)	어미닭	무증상감염(無症狀感染)	증상 없이 옮김
모계육추(母鷄育雛)	품어 기르기	무핵과(無核果)	씨없는 과실
모독우(牡犢牛)	황송아지, 수송아지	무효분얼기(無效分蘖期)	헛가지 치기
모돈(母豚)	어미돼지	무효분얼종지기	헛가지 치기 끝날 때
모본(母本)	어미그루	(無效分蘖終止期)	
모지(母枝)	어미가지	문고병(紋故病)	잎집무늬마름병

174

문단(文旦)	문단귤	반경지삽(半硬枝揷)	반굳은 가지꽂이,
미강(米糠)	쌀겨		반굳은꽂이
미경산우(未經産牛)	새끼 안낳는 소	반숙퇴비(半熟堆肥)	반썩은 두엄
미곡(米穀)	쌀	반억제재배(半抑制栽培)	반늦추어 가꾸기
미국(米麴)	쌀누룩	반엽병(斑葉病)	줄무늬병
미립(米粒)	쌀알	반전(反轉)	뒤집기
미립자병(微粒子病)	잔알병	반점(斑點)	얼룩점
미숙과(未熟課)	선열매, 덜 여문 열매	반점병(斑點病)	점무늬병
미숙답(未熟畓)	덜된 논	반촉성재배(半促成栽培)	반당겨 가꾸기
미숙립(未熟粒)	덜 여문 알	반추(反芻)	되새김
미숙잠(未熟蠶)	설익은 누에	반흔(搬痕)	딱지자국
미숙퇴비(未熟堆肥)	덜썩은 두엄	발근(發根)	뿌리내림
미우(尾羽)	꼬리깃	발근제(發根劑)	뿌리내림약
미질(米質)	쌀의 질, 쌀품질	발근촉진(發根促進)	뿌리내림 촉진
밀랍(蜜蠟)	꿀밀	발병엽수(發病葉數)	병든 잎수
밀봉(蜜蜂)	꿀벌	발병주(發病株)	병든포기
밀사(密飼)	배게기르기	발아(發蛾)	싹트기, 싹틈
밀선(蜜腺)	꿀샘	발아적온(發芽適溫)	싹트기 알맞은 온도
밀식(密植)	배게심기, 빽빽하게 심기	발아촉진(發芽促進)	싹트기 촉진
밀원(蜜源)	꿀밭	발아최성기(發芽最盛期)	나방제철
밀파(密播)	배게뿌림, 빽빽하게 뿌림	발열(發熱)	열남, 열냄
		발우(拔羽)	털뽑기
ㅂ		발우기(拔羽機)	털뽑개
바인더(binder)	베어묶는 기계	발육부전(發育不全)	제대로 못자람
박(粕)	깻묵	발육사료(發育飼料)	자라는데 주는 먹이
박력분(薄力粉)	메진 밀가루	발육지(發育枝)	자람가지
박파(薄播)	성기게 뿌림	발육최성기(發育最盛期)	한창 자랄 때
박피(剝皮)	껍질벗기기	발정(發情)	암내
박피견(薄皮繭)	얇은고치	발한(發汗)	땀남

발효(醱酵)	띄우기	백부병(百腐病)	흰썩음병
방뇨(防尿)	오줌누기	백삽병(白澁病)	흰가루병
방목(放牧)	놓아 먹이기	백쇄미(白碎米)	흰싸라기
방사(放飼)	놓아 기르기	백수(白穗)	흰마름 이삭
방상(防霜)	서리막기	백엽고병(白葉枯病)	흰잎마름병
방풍(防風)	바람막이	백자(栢子)	잣
방한(防寒)	추위막이	백채(白菜)	배추
방향식물(芳香植物)	향기식물	백합과(百合科)	나리과
배(胚)	씨눈	변속기(變速機)	속도조절기
배뇨(排尿)	오줌 빼기	병과(病果)	병든 열매
배배양(胚培養)	씨눈배양	병반(病斑)	병무늬
배부식분무기	등으로 매는 분무기	병소(病巢)	병집
(背負式噴霧器)		병우(病牛)	병든 소
배부형(背負形)	등짐식	병징(病徵)	병증세
배상형(盃狀形)	사발꼴	보비력(保肥力)	거름을 지닐 힘
배수(排水)	물빼기	보수력(保水力)	물 지닐힘
배수구(排水溝)	물뺄 도랑	보수일수(保水日數)	물 지닐 일수
배수로(排水路)	물뺄 도랑	보식(補植)	메워서 심기
배아비율(胚芽比率)	씨눈비율	보양창흔(步樣瘡痕)	비틀거림
배유(胚乳)	씨젖	보정법(保定法)	잡아매기
배조맥아(焙燥麥芽)	말린 엿기름	보파(補播)	덧뿌림
배초(焙焦)	볶기	보행경직(步行硬直)	뻗장 걸음
배토(培土)	북주기, 흙 북돋아 주기	보행창흔(步行瘡痕)	비틀 걸음
배토기(培土機)	북주개, 작물사이의 흙을	복개육(覆蓋育)	덮어치기
	북돋아 주는데 사용하는 기계	복교잡종(複交雜種)	겹트기씨
백강병(白彊病)	흰굳음병	복대(覆袋)	봉지 씌우기
백리(白痢)	흰설사	복백(腹白)	겉백이
백미(白米)	흰쌀	복아(複芽)	겹눈
백반병(白斑病)	흰무늬병	복아묘(複芽苗)	겹눈모

176

복엽(腹葉)	겹잎	부주지(副主枝)	버금가지
복접(腹接)	허리접	부진자류(浮塵子類)	멸구매미충류
복지(匐枝)	기는 줄기	부초(敷草)	풀 덮기
복토(覆土)	흙덮기	부패병(腐敗病)	썩음병
복통(腹痛)	배앓이	부화(孵化)	알깨기, 알까기
복합아(複合芽)	겹눈	부화약충(孵化若)	갓 깬 애벌레
본답(本畓)	본논	분근(分根)	뿌리나누기
본엽(本葉)	본잎	분뇨(糞尿)	똥오줌
본포(本圃)	제밭, 본밭	분만(分娩)	새끼낳기
봉군(蜂群)	벌떼	분만간격(分娩間隔)	터울
봉밀(蜂蜜)	벌꿀, 꿀	분말(粉末)	가루
봉상(蜂箱)	벌통	분무기(噴霧機)	뿜개
봉침(蜂針)	벌침	분박(分箔)	채반가름
봉합선(縫合線)	솔기	분봉(分蜂)	벌통가르기
부고(敷藁)	깔짚	분사(粉飼)	가루먹이
부단급여(不斷給與)	대먹임, 계속 먹임	분상질소맥(粉狀質小麥)	메진 밀
부묘(浮苗)	뜬모	분시(分施)	나누어 비료주기
부숙(腐熟)	썩힘	분식(粉食)	가루음식
부숙도(腐熟度)	썩은 정도	분얼(分蘗)	새끼치기
부숙퇴비(腐熟堆肥)	썩은 두엄	분얼개도(分蘗開度)	포기 퍼짐새
부식(腐植)	써거리	분얼경(分蘗莖)	새끼친 줄기
부식토(腐植土)	써거리 흙	분얼기(分蘗期)	새끼칠 때
부신(副腎)	곁콩팥	분얼비(分蘗肥)	새끼칠 거름
부아(副芽)	덧눈	분얼수(分蘗數)	새끼친 수
부정근(不定根)	막뿌리	분얼절(分蘗節)	새끼마디
부정아(不定芽)	막눈	분얼최성기(分蘗最盛期)	새끼치기 한창 때
부정형견(不定形繭)	못생긴 고치	분의처리(粉依處理)	가루묻힘
부제병(腐蹄病)	발굽썩음병	분재(盆栽)	분나무
부종(浮種)	붓는 병	분제(粉劑)	가루약

분주(分株)	포기나눔	비효(肥效)	거름효과
분지(分枝)	가지벌기	빈독우(牝犢牛)	암송아지
분지각도(分枝角度)	가지벌림새	빈사상태(瀕死狀態)	다죽은 상태
분지수(分枝數)	번 가지수	빈우(牝牛)	암소
분지장(分枝長)	가지길이		
분총(分)	쪽파		

ㅅ

불면잠(不眠蠶)	못자는 누에	사(砂)	모래
불시재배(不時栽培)	때없이 가꾸기	사견양잠(絲繭養蠶)	실고치 누에치기
불시출수(不時出穗)	때없이 이삭패기,	사경(砂耕)	모래 가꾸기
	불시이삭패기	사과(絲瓜)	수세미
불용성(不溶性)	안녹는	사근접(斜根接)	뿌리엇접
불임도(不姙稻)	쭉정이벼	사낭(砂囊)	모래주머니
불임립(不稔粒)	쭉정이	사란(死卵)	곤달걀
불탈견아(不脫繭蛾)	못나온 나방	사력토(砂礫土)	자갈흙
비경(鼻鏡)	콧등, 코거울	사롱견(死籠繭)	번데기가 죽은 고치
비공(鼻孔)	콧구멍	사료(飼料)	먹이
비등(沸騰)	끓음	사료급여(飼料給與)	먹이주기
비료(肥料)	거름	사료포(飼料圃)	사료밭
비루(鼻淚)	콧물	사망(絲網)	실그물
비배관리(肥培管理)	거름주어 가꾸기	사면(四眠)	넉잠
비산(飛散)	흩날림	사멸온도(死滅溫度)	죽는 온도
비옥(肥沃)	걸기	사비료작물(飼肥料作物)	먹이 거름작물
비유(泌乳)	젖나기	사사(舍飼)	가둬 기르기
비육(肥育)	살찌우기	사산(死産)	죽은 새끼낳음
비육양돈(肥育養豚)	살돼지 기르기	사삼(沙蔘)	더덕
비음(庇陰)	그늘	사성휴(四盛畦)	네가웃지기
비장(臟)	지라	사식(斜植)	빗심기, 사식
비절(肥絕)	거름 떨어짐	사양(飼養)	치기, 기르기
비환(鼻環)	코뚜레	사양토(砂壤土)	모래참흙

사육(飼育)	기르기, 치기	삼투성(滲透性)	스미는 성질
사접(斜接)	엇접	삽목(挿木)	꺾꽂이
사조(飼槽)	먹이통	삽목묘(挿木苗)	꺾꽂이모
사조맥(四條麥)	네모보리	삽목상(挿木床)	꺾꽂이 모판
사총(絲蔥)	실파	삽미(澁味)	떫은 맛
사태아(死胎兒)	죽은 태아	삽상(挿床)	꺾꽂이 모판
사토(砂土)	모래흙	삽수(挿穗)	꺾꽂이순
삭	다래	삽시(挿柿)	떫은 감
삭모(削毛)	털깎기	삽식(挿植)	꺾꽂이
삭아접(削芽接)	깎기눈접	삽접(挿接)	꽂이접
삭제(削蹄)	발굽깎기, 굽깎기	상(床)	모판
산과앵도(酸果櫻挑)	신앵두	상개각충(桑介殼)	뽕깍지 벌레
산도교정(酸度矯正)	산성고치기	상견(上繭)	상등고치
산란(産卵)	알낳기	상면(床面)	모판바닥
산리(山李)	산자두	상명아(桑螟蛾)	뽕나무명나방
산미(酸味)	신맛	상묘(桑苗)	뽕나무묘목
산상(山桑)	산뽕	상번초(上繁草)	키가 크고 잎이 위쪽에
산성토양(酸性土壤)	산성흙		많은 풀
산식(散植)	흩어심기	상습지(常習地)	자주나는 곳
산약(山藥)	마	상심(桑)	오디
산양(山羊)	염소	상심지영승(湘芯止蠅)	뽕나무순혹파리
산양유(山羊乳)	염소젖	상아고병(桑芽枯病)	뽕나무눈마름병,
산유(酸乳)	젖내기		뽕눈마름병
산유량(酸乳量)	우유 생산량	상엽(桑葉)	뽕잎
산육량(産肉量)	살코기량	상엽충(桑葉)	뽕잎벌레
산자수(産仔數)	새끼수	상온(床溫)	모판온도
산파(散播)	흩뿌림	상위엽(上位葉)	윗잎
산포도(山葡萄)	머루	상자육(箱子育)	상자치기
살분기(撒粉機)	가루뿜개	상저(上藷)	상고구마

상전(桑田)	뽕밭	서과(西瓜)	수박
상족(上蔟)	누에올리기	서류(薯類)	감자류
상주(霜柱)	서릿발	서상층(鋤床層)	쟁기밑층
상지척확(桑枝尺蠖)	뽕나무자벌레	서양리(西洋李)	양자두
상천우(桑天牛)	뽕나무하늘소	서혜임파절(鼠蹊淋巴節)	사타구니임파절
상토(床土)	모판흙	석답(潟畓)	갯논
상폭(上幅)	윗너비, 상폭	석분(石粉)	돌가루
상해(霜害)	서리피해	석회고(石灰藁)	석회짚
상흔(傷痕)	흉터	석회석분말(石灰石粉末)	석회가루
색택(色澤)	빛깔	선견(選繭)	고치 고르기
생견(生繭)	생고치	선과(選果)	과실 고르기
생경중(生莖重)	풋줄기무게	선단고사(先端枯死)	끝마름
생고중(生藁重)	생짚 무게	선단벌채(先端伐採)	끝베기
생돈(生豚)	생돼지	선란기(選卵器)	알고르개
생력양잠(省力養蠶)	노동력 줄여 누에치기	선모(選毛)	털고르기
생력재배(省力栽培)	노동력 줄여 가꾸기	선종(選種)	씨고르기
생사(生飼)	날로 먹이기	선택성(選擇性)	가릴성
생시체중(生時體重)	날때 몸무게	선형(扇形)	부채꼴
생식(生食)	날로 먹기	선회운동(旋回運動)	맴돌이운동, 맴돌이
생유(生乳)	날젖	설립(粒)	쭉정이
생육(生肉)	날고기	설미(米)	쭉정이쌀
생육상(生育狀)	자라는 모양	설서(薯)	잔감자
생육적온(生育適溫)	자라기 적온,	설저(藷)	잔고구마
	자라기 맞는 온도	설하선(舌下腺)	혀밑샘
생장률(生長率)	자람비율	설형(楔形)	쐐기꼴
생장조정제(生長調整劑)	생장조정약	섬세지(纖細枝)	실가지
생전분(生澱粉)	날녹말	섬유장(纖維長)	섬유길이
서(黍)	기장	성계(成鷄)	큰닭
서강사료(薯糠飼料)	겨감자먹이	성과수(成果樹)	자란 열매나무

성돈(成豚)	자란 돼지	소맥고(小麥藁)	밀짚
성목(成木)	자란 나무	소맥부(小麥)	밀기울
성묘(成苗)	자란 모	소맥분(小麥粉)	밀가루
성숙기(成熟期)	익음 때	소문(巢門)	벌통문
성엽(成葉)	다자란 잎, 자란 잎	소밀(巢蜜)	개꿀, 벌통에서 갓 떼어내
성장률(成長率)	자람 비율		벌집에 그대로 들어있는 꿀
성추(成雛)	큰병아리	소비(巢脾)	밀랍으로 만든 벌집
성충(成蟲)	어른벌레	소비재배(小肥栽培)	거름 적게 주어 가꾸기
성토(成兎)	자란 토끼	소상(巢箱)	벌통
성토법(盛土法)	묻어떼기	소식(疎植)	성글게 심기, 드물게 심기
성하기(盛夏期)	한여름	소양증(瘙痒症)	가려움증
세균성연화병	세균무름병	소엽(蘇葉)	차조기잎, 차조기
(細菌性軟化病)		소우(素牛)	밑소
세근(細根)	잔뿌리	소잠(掃蠶)	누에떨기
세모(洗毛)	털 씻기	소주밀식(小株密植)	적게 잡아 배게심기
세잠(細蠶)	가는 누에	소지경(小枝梗)	벼알가지
세절(細切)	잘게 썰기	소채아(小菜蛾)	배추좀나방
세조파(細條播)	가는 줄뿌림	소초(巢礎)	벌집틀바탕
세지(細枝)	잔가지	소토(燒土)	흙 태우기
세척(洗滌)	씻기	속(束)	묶음, 다발, 뭇
소각(燒却)	태우기	속(粟)	조
소광(巢)	벌집틀	속명충(粟螟)	조명나방
소국(小菊)	잔국화	속성상전(速成桑田)	속성 뽕밭
소낭(囊)	모이주머니	속성퇴비(速成堆肥)	빨리 썩을 두엄
소두(小豆)	팥	속야도충(粟夜盜)	멸강나방
소두상충(小豆象)	팥바구미	속효성(速效性)	빨리 듣는
소립(小粒)	잔알	쇄미(碎米)	싸라기
소립종(小粒種)	잔씨	쇄토(碎土)	흙 부수기
소맥(小麥)	밀	수간(樹間)	나무 사이

수견(收繭)	고치따기	수수형(穗數型)	이삭 많은 형
수경재배(水耕栽培)	물로 가꾸기	수양성하리(水性下痢)	물똥설사
수고(樹高)	나무키	수엽량(收葉量)	뽕 거둠량
수고병(穗枯病)	이삭마름병	수아(收蛾)	나방 거두기
수광(受光)	빛살받기	수온(水溫)	물온도
수도(水稻)	벼	수온상승(水溫上昇)	물온도 높이기
수도이앙기(水稻移秧機)	모심개	수용성(水溶性)	물에 녹는
수동분무기(手動噴霧器)	손뿜개	수용제(水溶劑)	물녹임약
수두(獸痘)	짐승마마	수유(受乳)	젖받기, 젖주기
수령(樹)	나무사이	수유율(受乳率)	기름내는 비율
수로(水路)	도랑	수이(水飴)	물엿
수리불안전답	물 사정 나쁜 논	수장(穗長)	이삭길이
(水利不安全畓)		수전기(穗期)	이삭 거의 팼을 때
수리안전답(水利安全畓)	물 사정 좋은 논	수정(受精)	정받이
수면처리(水面處理)	물 위 처리	수정란(受精卵)	정받이알
수모(獸毛)	짐승털	수조(水)	물통
수묘대(水苗垈)	물 못자리	수종(水腫)	물종기
수밀(蒐蜜)	꿀 모으기	수중형(穗重型)	큰이삭형
수발아(穗發芽)	이삭 싹나기	수차(手車)	손수레
수병(銹病)	녹병	수차(水車)	물방아
수분(受粉)	꽃가루받이, 가루받이	수척(瘦瘠)	여윔
수분(水分)	물기	수침(水浸)	물잠김
수분수(授粉樹)	가루받이 나무	수태(受胎)	새끼배기
수비(穗肥)	이삭거름	수포(水泡)	물집
수세(樹勢)	나무자람새	수피(樹皮)	나무 껍질
수수(穗數)	이삭수	수형(樹形)	나무 모양
수수(穗首)	이삭목	수형(穗形)	이삭 모양
수수도열병(穗首稻熱病)	목도열병	수화제(水和劑)	물풀이약
수수분화기(穗首分化期)	이삭 생길 때	수확(收穫)	거두기

수확기(收穫機)	거두는 기계	식부(植付)	심기
숙근성(宿根性)	해묵이	식상(植傷)	몸살
숙기(熟期)	익음 때	식상(植桑)	뽕나무심기
숙도(熟度)	익은 정도	식습관(食習慣)	먹는 버릇
숙면기(熟眠期)	깊은 잠 때	식양토(埴壤土)	질참흙
숙사(熟飼)	끓여 먹이기	식염(食鹽)	소금
숙잠(熟蠶)	익은 누에	식염첨가(食鹽添加)	소금치기
숙전(熟田)	길든 밭	식우성(食羽性)	털 먹는 버릇
숙지삽(熟枝揷)	굳가지꽂이	식이(食餌)	먹이
숙채(熟菜)	익힌 나물	식재거리(植栽距離)	심는 거리
순찬경법(順次耕法)	차례 갈기	식재법(植栽法)	심는 법
순치(馴致)	길들이기	식토(植土)	질흙
순화(馴化)	길들이기, 굳히기	식하량(食下量)	먹는 양
순환관개(循環灌漑)	돌려 물대기	식해(害)	갉음 피해
순회관찰(巡廻觀察)	돌아보기	식혈(植穴)	심을 구덩이
습답(濕畓)	고논	식흔(痕)	먹은 흔적
습포육(濕布育)	젖은 천 덮어치기	신미종(辛味種)	매운 품종
승가(乘駕)	교배를 위해 등에 올라타는 것	신소(新)	새가지, 새순
		신소삽목(新揷木)	새순 꺾꽂이
시(柿)	감	신소엽량(新葉量)	새순 잎량
시비(施肥)	거름주기, 비료주기	신엽(新葉)	새잎
시비개선(施肥改善)	거름주는 방법을 좋게 바꿈	신장(腎臟)	콩팥, 신장
		신장기(伸張期)	줄기자람 때
시비기(施肥機)	거름주개	신장절(伸張節)	자란 마디
시산(始産)	처음 낳기	신지(新枝)	새가지
시실아(柿實蛾)	감꼭지나방	신품종(新品種)	새품종
시진(視診)	살펴보기 진단, 보기진단	실면(實棉)	목화
시탈삽(柿脫澁)	감우림	실생묘(實生苗)	씨모
식단(食單)	차림표	실생번식(實生繁殖)	씨로 불림

심경(深耕)	깊이 갈이	암발아종자(暗發芽種子)	그늘받이씨
심경다비(深耕多肥)	깊이 갈아 걸우기	암최청(暗催靑)	어둠 알깨기
심고(芯枯)	순마름	압궤(壓潰)	눌러 으깨기
심근성(深根性)	깊은 뿌리성	압사(壓死)	깔려죽음
심부명(深腐病)	속썩음병	압조법(壓條法)	휘묻이
심수관개(深水灌漑)	물 깊이대기, 깊이대기	압착기(壓搾機)	누름틀
심식(深植)	깊이심기	액비(液肥)	물거름, 액체비료
심엽(心葉)	속잎	액아(腋芽)	겨드랑이눈
심지(芯止)	순멎음, 순멎이	액제(液劑)	물약
심층시비(深層施肥)	깊이 거름주기	액체비료(液體肥料)	물거름
심토(心土)	속흙	앵속(罌粟)	양귀비
심토층(心土層)	속흙층	야건초(野乾草)	말린들풀
십자화과(十字花科)	배추과	야도아(夜盜蛾)	도둑나방
		야도충(夜盜)	도둑벌레,
			밤나방의 어린 벌레

ㅇ

아(芽)	눈	야생초(野生草)	들풀
아(蛾)	나방	야수(野獸)	들짐승
아고병(芽枯病)	눈마름병	야자유(椰子油)	야자기름
아삽(芽揷)	눈꽂이	야잠견(野蠶繭)	들누에고치
아접(芽接)	눈접	야적(野積)	들가리
아접도(芽接刀)	눈접칼	야초(野草)	들풀
아주지(亞主枝)	버금가지	악(蕚)	꽃밭
아충	진딧물	약목(若木)	어린 나무
악	꽃받침	약빈계(若牝鷄)	햇암탉
악성수종(惡性水腫)	악성물종기	약산성토양(弱酸性土壤)	약한 산성흙
악편(片)	꽃받침조각	약숙(若熟)	덜익음
안(眼)	눈	약염기성(弱鹽基性)	약한 알칼리성
안점기(眼点期)	점보일 때	약웅계(若雄鷄)	햇수탉
암거배수(暗渠排水)	속도랑 물빼기	약지(弱枝)	약한 가지

약지(若枝)	어린 가지	언지법(偃枝法)	휘묻이
약충(若)	애벌레, 유충	얼자(蘗子)	새끼가지
약토(若兎)	어린 토끼	엔시리지(ensilage)	담근먹이
양건(乾)	볕에 말리기	여왕봉(女王蜂)	여왕벌
양계(養鷄)	닭치기	역병(疫病)	돌림병
양돈(養豚)	돼지치기	역용우(役用牛)	일소
양두(羊痘)	염소마마	역우(役牛)	일소
양마(洋麻)	양삼	역축(役畜)	일가축
양맥(洋麥)	호밀	연가조상수확법	연간 가지 뽕거두기
양모(羊毛)	양털	연골(軟骨)	물렁뼈
양묘(養苗)	모 기르기	연구기(燕口期)	잎펼 때
양묘육성(良苗育成)	좋은 모 기르기	연근(蓮根)	연뿌리
양봉(養蜂)	벌치기	연맥(燕麥)	귀리
양사(羊舍)	양우리	연부병(軟腐病)	무름병
양상(揚床)	돋움 모판	연사(練飼)	이겨 먹이기
양수(揚水)	물 푸기	연상(練床)	이긴 모판
양수(羊水)	새끼집 물	연수(軟水)	단물
양열재료(釀熱材料)	열 낼 재료	연용(連用)	이어쓰기
양유(羊乳)	양젖	연이법(練餌法)	반죽먹이기
양육(羊肉)	양고기	연작(連作)	이어짓기
양잠(養蠶)	누에치기	연초야아(煙草夜蛾)	담배나방
양접(揚接)	딴자리접	연하(嚥下)	삼킴
양질미(良質米)	좋은 쌀	연화병(軟化病)	무름병
양토(壤土)	참흙	연화재배(軟化栽培)	연하게 가꾸기
양토(養兎)	토끼치기	열과(裂果)	열매터짐, 터진열매
어란(魚卵)	말린 생선알, 생선알	열구(裂球)	통터짐, 알터짐, 터진알
어분(魚粉)	생선가루	열근(裂根)	뿌리터짐, 터진 뿌리
어비(魚肥)	생선거름	열대과수(熱帶果樹)	열대 과일나무
억제재배(抑制栽培)	늦추어가꾸기	열엽(裂葉)	갈래잎

염기성(鹽基性)	알칼리성	엽선(葉先)	잎끝
염기포화도(鹽基飽和度)	알칼리포화도	엽선절단(葉先切斷)	잎끝자르기
염료(染料)	물감	엽설(葉舌)	잎혀
염료작물(染料作物)	물감작물	엽신(葉身)	잎새
염류농도(鹽類濃度)	소금기 농도	엽아(葉芽)	잎눈
염류토양(鹽類土壤)	소금기 흙	엽연(葉緣)	잎가선
염수(鹽水)	소금물	엽연초(葉煙草)	잎담배
염수선(鹽水選)	소금물 가리기	엽육(葉肉)	잎살
염안(鹽安)	염화암모니아	엽이(葉耳)	잎귀
염장(鹽藏)	소금저장	엽장(葉長)	잎길이
염중독증(鹽中毒症)	소금중독증	엽채류(葉菜類)	잎채소류, 잎채소붙이
염증(炎症)	곪음증	엽초(葉)	잎집
염지(鹽漬)	소금절임	엽폭(葉幅)	잎 너비
염해(鹽害)	짠물해	영견(營繭)	고치짓기
염해지(鹽害地)	짠물해 땅	영계(鷄)	약병아리
염화가리(鹽化加里)	염화칼리	영년식물(永年植物)	오래살이 작물
엽고병(葉枯病)	잎마름병	영양생장(營養生長)	몸자람
엽권병(葉倦病)	잎말이병	영화(潁化)	이삭꽃
엽권충(葉倦)	잎말이나방	영화분화기(潁化分化期)	이삭꽃 생길 때
엽령(葉齡)	잎나이	예도(刈倒)	베어 넘김
엽록소(葉綠素)	잎파랑이	예찰(豫察)	미리 살핌
엽맥(葉脈)	잎맥	예초(刈草)	풀베기
엽면살포(葉面撒布)	잎에 뿌리기	예초기(刈草機)	풀베개
엽면시비(葉面施肥)	잎에 거름주기	예취(刈取)	베기
엽면적(葉面積)	잎면적	예취기(刈取機)	풀베개
엽병(葉炳)	잎자루	예폭(刈幅)	벨너비
엽비(葉)	응애	오모(汚毛)	더러운 털
엽삽(葉揷)	잎꽂이	오수(汚水)	더러운 물
엽서(葉序)	잎차례	오염견(汚染繭)	물든 고치

옥견(玉繭)	쌍고치	요절병(腰折病)	잘록병
옥사(玉絲)	쌍고치실	욕광최아(浴光催芽)	햇볕에서 싹띄우기
옥외육(屋外育)	한데치기	용수로(用水路)	물대기 도랑
옥촉서(玉蜀黍)	옥수수	용수원(用水源)	끝물
옥총(玉)	양파	용제(溶劑)	녹는 약
옥총승(玉繩)	고자리파리	용탈(溶脫)	녹아 빠짐
옥토(沃土)	기름진 땅	용탈증(溶脫症)	녹아 빠진 흙
온수관개(溫水灌漑)	더운 물대기	우(牛)	소
온욕법(溫浴法)	더운 물담그기	우결핵(牛結核)	소결핵
완두상충(豌豆象)	완두바구미	우량종자(優良種子)	좋은 씨앗
완숙(完熟)	다익음	우모(羽毛)	깃털
완숙과(完熟果)	익은 열매	우사(牛舍)	외양간
완숙퇴비(完熟堆肥)	다썩은 두엄	우상(牛床)	축사에 소를 1마리씩
완전변태(完全變態)	갖춘 탈바꿈		수용하기 위한 구획
완초(莞草)	왕골	우승(牛蠅)	쇠파리
완효성(緩效性)	천천히 듣는	우육(牛肉)	쇠고기
왕대(王臺)	여왕벌집	우지(牛脂)	쇠기름
왕봉(王蜂)	여왕벌	우형기(牛衡器)	소저울
왜성대목(倭性臺木)	난장이 바탕나무	우회수로(迂廻水路)	돌림도랑
외곽목책(外廓木柵)	바깥울	운형병(雲形病)	수탉
외래종(外來種)	외래품종	웅봉(雄蜂)	수벌
외반경(外返耕)	바깥 돌아갈이	웅성불임(雄性不稔)	고자성
외상(外傷)	겉상처	웅수(雄穗)	수이삭
외피복(外被覆)	겉덮기, 겉덮개	웅예(雄)	수술
요(尿)	오줌	웅추(雄雛)	수평아리
요도결석(尿道結石)	오줌길에 생긴 돌	웅충(雄)	수벌레
요독증(尿毒症)	오줌독 증세	웅화(雄花)	수꽃
요실금(尿失禁)	오줌 흘림	원경(原莖)	원줄기
요의빈삭(尿意頻數)	오줌 자주 마려움	원추형(圓錐形)	원뿔꽃

원형화단(圓形花壇)	둥근 꽃밭	유상(濡桑)	물뽕
월과(越瓜)	김치오이	유선(乳腺)	젖줄, 젖샘
월년생(越年生)	두해살이	유수(幼穗)	어린 이삭
월동(越冬)	겨울나기	유수분화기(幼穗分化期)	이삭 생길 때
위임신(僞姙娠)	헛배기	유수형성기(幼穗形成期)	배동받이 때
위조(萎凋)	시듦	유숙(乳熟)	젖 익음
위조계수(萎凋係數)	시듦값	유아(幼芽)	어린 싹
위조점(萎凋点)	시들점	유아등(誘蛾燈)	꾀임등
위축병(萎縮病)	오갈병	유안(硫安)	황산암모니아
위황병(萎黃病)	누른오갈병	유압(油壓)	기름 압력
유(柚)	유자	유엽(幼葉)	어린 잎
유근(幼根)	어린 뿌리	유우(乳牛)	젖소
유당(乳糖)	젖당	유우(幼牛)	애송아지
유도(油桃)	민복숭아	유우사(乳牛舍)	젖소외양간, 젖소간
유두(乳頭)	젖꼭지	유인제(誘引劑)	꾀임약
유료작물(有料作物)	기름작물	유제(油劑)	기름약
유목(幼木)	어린 나무	유지(乳脂)	젖기름
유묘(幼苗)	어린모	유착(癒着)	엉겨 붙음
유박(油粕)	깻묵	유추(幼雛)	햇병아리, 병아리
유방염(乳房炎)	젖알이	유추사료(幼雛飼料)	햇병아리 사료
유봉(幼蜂)	새끼벌	유축(幼畜)	어린 가축
유산(乳酸)	젖산	유충(幼蟲)	애벌레, 약충
유산(流産)	새끼지우기	유토(幼兔)	어린 토끼
유산가리(酸加里)	황산가리	유합(癒合)	아뭄
유산균(乳酸菌)	젖산균	유황(黃)	황
유산망간(酸mangan)	황산망간	유황대사(黃代謝)	황대사
유산발효(乳酸醱酵)	젖산 띄우기	유황화합물(黃化合物)	황화합물
유산양(乳山羊)	젖염소	유효경비율(有效莖比率)	참줄기비율
유살(誘殺)	꾀어 죽이기	유효분얼최성기	참 새끼치기 최성기

(有效分蘖最盛期)		의빈대(疑牝臺)	암틀
유효분얼 한계기	참 새끼치기 한계기	의잠(蟻蠶)	개미누에
유효분지수(有效分枝數)	참가지수, 유효가지수	이(李)	자두
유효수수(有效穗數)	참이삭수	이(梨)	배
유휴지(遊休地)	묵힌 땅	이개(耳介)	귓바퀴
육계(肉鷄)	고기를 위해 기르는 닭,	이기작(二期作)	두 번 짓기
	식육용 닭	이년생화초(二年生花草)	두해살이 화초
육도(陸稻)	밭벼	이대소야아(二帶小夜蛾)	벼애나방
육돈(陸豚)	살돼지	이면(二眠)	두잠
육묘(育苗)	모기르기	이모작(二毛作)	두 그루갈이
육묘대(陸苗坮)	밭모판, 밭못자리	이박(飴粕)	엿밥
육묘상(育苗床)	못자리	이백삽병(裏白澁病)	뒷면흰가루병
육성(育成)	키우기	이병(痢病)	설사병
육아재배(育芽栽培)	싹내 가꾸기	이병경률(罹病莖率)	병든 줄기율
육우(肉牛)	고기소	이병묘(罹病苗)	병든 모
육잠(育蠶)	누에치기	이병성(罹病性)	병 걸림성
육즙(肉汁)	고기즙	이병수율(罹病穗率)	병든 이삭률
육추(育雛)	병아리기르기	이병식물(罹病植物)	병든 식물
윤문병(輪紋病)	테무늬병	이병주(罹病株)	병든 포기
윤작(輪作)	돌려짓기	이병주율(罹病株率)	병든 포기율
윤환방목(輪換放牧)	옮겨 놓아 먹이기	이식(移植)	옮겨심기
윤환채초(輪換採草)	옮겨 풀베기	이앙밀도(移秧密度)	모내기뱀새
율(栗)	밤	이야포(二夜包)	한밤 묵히기
은아(隱芽)	숨은 눈	이유(離乳)	젖떼기
음건(陰乾)	그늘 말리기	이주(梨酒)	배술
음수량(飮水量)	물먹는 양	이품종(異品種)	다른 품종
음지답(陰地畓)	응달논	이하선(耳下線)	귀밑샘
응집(凝集)	엉김, 응집	이형주(異型株)	다른 꼴 포기
응혈(凝血)	피 엉김	이화명충(二化螟)	이화명나방

이환(罹患)	병 걸림	입란(入卵)	알넣기
이희심식충(梨姬心食)	배명나방	입색(粒色)	낟알색
익충(益)	이로운 벌레	입수계산(粒數計算)	낟알 셈
인경(鱗莖)	비늘줄기	입제(粒劑)	싸락약
인공부화(人工孵化)	인공알깨기	입중(粒重)	낟알 무게
인공수정(人工受精)	인공 정받이	입직기(織機)	가마니틀
인공포유(人工哺乳)	인공 젖먹이기	잉여노동(剩餘勞動)	남는 노동
인안(鱗安)	인산암모니아		
인입(引入)	끌어들임	ㅈ	
인접주(隣接株)	옆그루	자(刺)	가시
인초(藺草)	골풀	자가수분(自家受粉)	제 꽃가루 받이
인편(鱗片)	쪽	자견(煮繭)	고치삶기
인후(咽喉)	목구멍	자궁(子宮)	새끼집
일건(日乾)	볕말림	자근묘(自根苗)	제뿌리 모
일고(日雇)	날품	자돈(仔豚)	새끼돼지
일년생(一年生)	한해살이	자동급사기(自動給飼機)	자동 먹이틀
일륜차(一輪車)	외바퀴수레	자동급수기(自動給水機)	자동물주개
일면(一眠)	첫잠	자만(子蔓)	아들덩굴
일조(日照)	볕	자묘(子苗)	새끼모
일협립수(1莢粒數)	꼬투리당 일수	자반병(紫斑病)	자주무늬병
임돈(姙豚)	새끼밴 돼지	자방(子房)	씨방
임신(姙娠)	새끼배기	자방병(子房病)	씨방자루
임신징후(姙娠徵候)	임신기, 새깨밴 징후	자산양(子山羊)	새끼염소
임실(稔實)	씨여뭄	자소(紫蘇)	차조기
임실유(荏實油)	들기름	자수(雌穗)	암이삭
입고병(立枯病)	잘록병	자아(雌蛾)	암나방
입단구조(粒團構造)	떼알구조	자연초지(自然草地)	자연 풀밭
입도선매(立稻先賣)	벼베기 전 팔이,	자엽(子葉)	떡잎
	베기 전 팔이	자예(雌)	암술

자웅감별(雌雄鑑別)	암술 가리기	잠엽충(潛葉)	잎굴나방
자웅동체(雌雄同體)	암수 한 몸	잠작(蠶作)	누에되기
자웅분리(雌雄分離)	암수 가리기	잠족(蠶族)	누에섶
자저(煮藷)	찐고구마	잠종(蠶種)	누에씨
자추(雌雛)	암평아리	잠종상(蠶種箱)	누에씨상자
자침(刺針)	벌침	잠좌지(蠶座紙)	누에 자리종이
자화(雌花)	암꽃	잡수(雜穗)	잡이삭
자화수정(自花受精)	제 꽃가루받이 ,	장간(長稈)	큰키
	제 꽃 정받이	장과지(長果枝)	긴열매가지
작부체계(作付體系)	심기차례	장관(腸管)	창자
작열감(灼熱感)	모진 아픔	장망(長芒)	긴까락
작조(作條)	골타기	장방형식(長方形植)	긴모꼴심기
작토(作土)	갈이 흙	장시형(長翅型)	긴날개꼴
작형(作型)	가꿈꼴	장일성식물(長日性植物)	긴볕 식물
작황(作況)	되는 모양, 농작물의	장일처리(長日處理)	긴볕 쬐기
	자라는 상황	장잠(壯蠶)	큰누에
작휴재배(作畦栽培)	이랑가꾸기	장중첩(腸重疊)	창자 겹침
잔상(殘桑)	남은 뽕	장폐색(腸閉塞)	창자 막힘
잔여모(殘餘苗)	남은 모	재발아(再發芽)	다시 싹나기
잠가(蠶架)	누에 시렁	재배작형(栽培作型)	가꾸기꼴
잠견(蠶繭)	누에고치	재상(栽桑)	뽕가꾸기
잠구(蠶具)	누에연모	재생근(再生根)	되난뿌리
잠란(蠶卵)	누에 알	재식(栽植)	심기
잠령(蠶齡)	누에 나이	재식거리(栽植距離)	심는 거리
잠망(蠶網)	누에 그물	재식면적(栽植面積)	심는 면적
잠박(蠶箔)	누에 채반	재식밀도(栽植密度)	심음배기, 심었을 때
잠복아(潛伏芽)	숨은 눈		빽빽한 정도
잠사(蠶絲)	누에실, 잠실	저(楮)	닥나무, 닥
잠아(潛芽)	숨은 눈	저견(貯繭)	고치 저장

저니토(低泥土)	시궁흙	적상(摘桑)	뽕따기
저마(苧麻)	모시	적상조(摘桑爪)	뽕가락지
저밀(貯蜜)	꿀갈무리	적성병(赤星病)	붉음별무늬병
저상(貯桑)	뽕저장	적수(摘穗)	송이솎기
저설온상(低說溫床)	낮은 온상	적심(摘芯)	순지르기
저수답(貯水畓)	물받이 논	적아(摘芽)	눈따기
저습지(低濕地)	질펄 땅, 진 땅	적엽(摘葉)	잎따기
저위생산답(低位生産畓)	소출낮은 논	적예(摘)	순지르기
저위예취(低位刈取)	낮추베기	적의(赤蟻)	붉은개미누에
저작구(咀嚼口)	씹는 입	적토(赤土)	붉은 흙
저작운동(咀嚼運動)	씹기 운동, 씹기	적화(摘花)	꽃솎기
저장(貯藏)	갈무리	전륜(前輪)	앞바퀴
저항성(低抗性)	버틸성	전면살포(全面撒布)	전면뿌리기
저해견(害繭)	구더기난 고치	전모(剪毛)	털깍기
저휴(低畦)	낮은 이랑	전묘대(田苗垈)	밭못자리
적고병(赤枯病)	붉은마름병	전분(澱粉)	녹말
적과(摘果)	열매솎기	전사(轉飼)	옮겨 기르기
적과협(摘果鋏)	열매솎기 가위	전시포(展示圃)	본보기논, 본보기밭
적기(適期)	제때, 제철	전아육(全芽育)	순뽕치기
적기방제(適期防除)	제때 방제	전아육성(全芽育成)	새순 기르기
적기예취(適期刈取)	제때 베기	전염경로(傳染經路)	옮은 경로
적기이앙(適期移秧)	제때 모내기	전엽육(全葉育)	잎뽕치기
적기파종(適期播種)	제때 뿌림	전용상전(專用桑田)	전용 뽕밭
적량살포(適量撒布)	알맞게 뿌리기	전작(前作)	앞그루
적량시비(適量施肥)	알맞은 양 거름주기	전작(田作)	밭농사
적뢰(摘)	봉오리 따기	전작물(田作物)	밭작물
적립(摘粒)	알솎기	전정(剪定)	다듬기
적맹(摘萌)	눈솎기	전정협(剪定鋏)	다듬가위
적미병(摘微病)	붉은곰팡이병	전지(前肢)	앞다리

전지(剪枝)	가지 다듬기	접지(接枝)	접가지
전지관개(田地灌漑)	밭물대기	접지압(接地壓)	땅누름 압력
전직장(前直腸)	앞곧은 창자	정곡(精穀)	알곡
전층시비(全層施肥)	거름흙살 섞어주기	정마(精麻)	속삼
절간(切干)	썰어 말리기	정맥(精麥)	보리쌀
절간(節間)	마디사이	정맥강(精麥糠)	몽근쌀 비율
절간신장기(節間伸長期)	마디 자랄 때	정맥비율(精麥比率)	보리쌀 비율
절간장(節稈長)	마디길이	정선(精選)	잘 고르기
절개(切開)	가름	정식(定植)	아주심기
절근아법(切根芽法)	뿌리눈접	정아(頂芽)	끝눈
절단(切斷)	자르기	정엽량(正葉量)	잎뽕량
절상(切傷)	베인 상처	정육(精肉)	살코기
절수재배(節水栽培)	물 아껴 가꾸기	정제(錠劑)	알약
절접(切接)	깎기접	정조(正租)	알벼
절토(切土)	흙깎기	정조식(正租式)	줄모
절화(折花)	꽃이꽃	정지(整地)	땅고르기
절흔(切痕)	베인 자국	정지(整枝)	가지고르기
점등사육(點燈飼育)	불켜 기르기	정화아(頂花芽)	끝꽃눈
점등양계(點燈養鷄)	불켜 닭기르기	제각(除角)	뿔 없애기, 뿔 자르기
점적식관수(点滴式灌水)	방울 물주기	제경(除莖)	줄기치기
점진최청(漸進催靑)	점진 알깨기	제과(製菓)	과자만들기
점청기(点靑期)	점보일 때	제대(臍帶)	탯줄
점토(粘土)	찰흙	제대(除袋)	봉지 벗기기
점파(点播)	점뿌림	제동장치(制動裝置)	멈춤장치
접도(接刀)	접칼	제마(製麻)	삼 만들기
접목묘(接木苗)	접나무모	제맹(除萌)	순따기
접삽법(接揷法)	접꽂아	제면(製麵)	국수 만들기
접수(接穗)	집순	제사(除沙)	똥갈이
접아(接芽)	접눈	제심(除心)	속대 자르기

제염(除鹽)	소금빼기	종견(種繭)	씨고치
제웅(除雄)	수술치기	종계(種鷄)	씨닭
제점(臍点)	배꼽	종구(種球)	씨알
제족기(第簇機)	섶틀	종균(種菌)	씨균
제초(除草)	김매기	종근(種根)	씨뿌리
제핵(除核)	씨빼기	종돈(種豚)	씨돼지
조(棗)	대추	종란(種卵)	씨알
조간(條間)	줄 사이	종모돈(種牡豚)	씨수돼지
조고비율(組藁比率)	볏짚비율	종모우(種牡牛)	씨황소
조기재배(早期栽培)	일찍 가꾸기	종묘(種苗)	씨모
조맥강(粗麥糠)	거친 보릿겨	종봉(種蜂)	씨벌
조사(繰絲)	실켜기	종부(種付)	접붙이기
조사료(粗飼料)	거친 먹이	종빈돈(種牝豚)	씨암돼지
조상(條桑)	가지뽕	종빈우(種牝牛)	씨암소
조상육(條桑育)	가지뽕치기	종상(終霜)	끝서리
조생상(早生桑)	올뽕	종실(種實)	씨알
조생종(早生種)	올씨	종실중(種實重)	씨무게
조소(造巢)	벌집 짓기, 집 짓기	종양(腫瘍)	혹
조숙(早熟)	올 익음	종자(種子)	씨앗, 씨
조숙재배(早熟栽培)	일찍 가꾸기	종자갱신(種子更新)	씨앗갈이
조식(早植)	올 심기	종자교환(種子交換)	씨앗바꾸기
조식재배(早植栽培)	올 심어 가꾸기	종자근(種子根)	씨뿌리
조지방(粗脂肪)	거친 굳기름	종자예조(種子豫措)	종자가리기
조파(早播)	올 뿌림	종자전염(種子傳染)	씨앗 전염
조파(條播)	줄뿌림	종창(腫脹)	부어오름
조회분(粗灰分)	거친 회분	종축(種畜)	씨가축
족(簇)	섶	종토(種兎)	씨토끼
족답탈곡기(足踏脫穀機)	디딜 탈곡기	종피색(種皮色)	씨앗 빛
족착견(簇着繭)	섶자국 고치	좌상육(桑育)	뽕썰어치기

좌아육(莝育)	순썰어치기	지(枝)	가지
좌절도복(挫折倒伏)	꺾어 쓰러짐	지각(枳殼)	탱자
주(株)	포기, 그루	지경(枝梗)	이삭가지
주간(主幹)	원줄기	지고병(枝枯病)	가지마름병
주간(株間)	포기사이, 그루사이	지근(枝根)	갈림 뿌리
주간거리(株間距離)	그루사이, 포기사이	지두(枝豆)	풋콩
주경(主莖)	원줄기	지력(地力)	땅심
주근(主根)	원뿌리	지력증진(地力增進)	땅심 돋우기
주년재배(周年栽培)	사철가꾸기	지면잠(遲眠蠶)	늦잠누에
주당수수(株當穗數)	포기당 이삭수	지발수(遲發穗)	늦이삭
주두(柱頭)	암술머리	지방(脂肪)	굳기름
주아(主芽)	으뜸눈	지분(紙盆)	종이분
주위작(周圍作)	둘레심기	지삽(枝揷)	가지꽂이
주지(主枝)	원가지	지엽(止葉)	끝잎
중간낙수(中間落水)	중간 물떼기	지잠(遲蠶)	처진 누에
중간아(中間芽)	중간눈	지접(枝接)	가지접
중경(中耕)	매기	지제부분(地際部分)	땅 닿은 곳
중경제초(中耕除草)	김매기	지조(枝條)	가지
중과지(中果枝)	중간열매가지	지주(支柱)	받침대
중력분(中力粉)	보통 밀가루, 밀가루	지표수(地表水)	땅윗물
중립종(中粒種)	중씨앗	지하경(地下莖)	땅 속 줄기
중만생종(中晚生種)	엊늦씨	지하수개발(地下水開發)	땅 속 물 찾기
중묘(中苗)	중간 모	지하수위(地下水位)	지하수 높이
중생종(中生種)	가온씨	직근(直根)	곧은 뿌리
중식기(中食期)	중밥 때	직근성(直根性)	곧은 뿌리성
중식토(重植土)	찰질흙	직립경(直立莖)	곧은 줄기
중심공동서(中心空胴薯)	속 빈 감자	직립성낙화생(直立性落花生)	오뚜기땅콩
중추(中雛)	중병아리		
증체량(增體量)	살찐 양	직립식(直立植)	곧추 심기

직립지(直立枝)	곧은 가지	찰과상(擦過傷)	긁힌 상처
직장(織腸)	곧은 창자	창상감염(創傷感染)	상처 옮음
직파(直播)	곧 뿌림	채두(茶豆)	강낭콩
진균(眞菌)	곰팡이	채란(採卵)	알걷이
진압(鎭壓)	눌러주기	채랍(採蠟)	밀따기
질사(窒死)	질식사	채묘(採苗)	모찌기
질소과잉(窒素過剩)	질소 넘침	채밀(採蜜)	꿀따기
질소기아(窒素饑餓)	질소 부족	채엽법(採葉法)	잎따기
질소잠재지력	질소 스민 땅심	채종(採種)	씨받이
(窒素潛在地力)		채종답(採種畓)	씨받이논
징후(徵候)	낌새	채종포(採種圃)	씨받이논, 씨받이밭
		채토장(採土場)	흙캐는 곳
		척박토(瘠薄土)	메마른 흙

		척수(脊髓)	등골
차광(遮光)	볕가림	척추(脊椎)	등뼈
차광재배(遮光栽培)	볕가림 가꾸기	천경(淺耕)	얕이갈이
차륜(車輪)	차바퀴	천공병(穿孔病)	구멍병
차일(遮日)	해가림	천구소병(天拘巢病)	빗자루병
차전초(車前草)	질경이	천근성(淺根性)	얕은 뿌리성
차축(車軸)	굴대	천립중(千粒重)	천알 무게
착과(着果)	열매 달림, 달린 열매	천수답(天水畓)	하늘바라기 논, 봉천답
착근(着根)	뿌리 내림	천식(淺植)	얕심기
착뢰(着)	망울 달림	천일건조(天日乾操)	볕말림
착립(着粒)	알달림	청경법(淸耕法)	김매 가꾸기
착색(着色)	색깔 내기	청고병(靑枯病)	풋마름병
착유(搾乳)	젖짜기	청매(靑麻)	어저귀
착즙(搾汁)	즙내기	청미(靑米)	청치
착탈(着脫)	달고 떼기	청수부(靑首部)	가지와 뿌리의 경계부
착화(着花)	꽃달림	청예(靑刈)	풋베기
착화불량(着花不良)	꽃눈 형성 불량		

청예대두(靑刈大豆)	풋베기 콩	초형(草型)	풀꼴
청예목초(靑刈木草)	풋베기 목초	촉각(觸角)	더듬이
청예사료(靑刈飼料)	풋베기 사료	촉서(蜀黍)	수수
청예옥촉서(靑刈玉蜀黍)	풋베기 옥수수	촉성재배(促成栽培)	철 당겨 가꾸기
청정채소(淸淨菜蔬)	맑은 채소	총(蔥)	파
청초(靑草)	생풀	총생(叢生)	모듬남
체고(體高)	키	총체벼	사료용 벼
체장(體長)	몸길이	총체보리	사료용 보리
초가(草架)	풀시렁	최고분얼기(最高分蘖期)	최고 새끼치기 때
초결실(初結實)	첫 열림	최면기(催眠期)	잠 들 무렵
초고(枯)	잎집마름	최아(催芽)	싹 틔우기
초목회(草木灰)	재거름	최아재배(催芽栽培)	싹 틔워 가꾸기
초발이(初發茸)	첫물 버섯	최청(催靑)	알깨기
초본류(草本類)	풀붙이	최청기(催靑器)	누에깰 틀
초산(初産)	첫배 낳기	추경(秋耕)	가을갈이
초산태(硝酸態)	질산태	추계재배(秋季栽培)	가을가꾸기
초상(初霜)	첫 서리	추광성(趨光性)	빛 따름성, 빛 쫓음성
초생법(草生法)	풀두고 가꾸기	추대(抽薹)	꽃대 신장, 꽃대 자람
초생추(初生雛)	갓 깬 병아리	추대두(秋大豆)	가을콩
초세(草勢)	풀자람새, 잎자람새	추백리병(雛白痢病)	병아리흰설사병,
초식가축(草食家畜)	풀먹이 가축		병아리설사병
초안(硝安)	질산암모니아	추비(秋肥)	가을거름
초유(初乳)	첫젖	추비(追肥)	웃거름
초자실재배(硝子室栽培)	유리온실 가꾸기	추수(秋收)	가을걷이
초장(草長)	풀 길이	추식(秋植)	가을심기
초지(草地)	꼴 밭	추엽(秋葉)	가을잎
초지개량(草地改良)	꼴 밭 개량	추작(秋作)	가을가꾸기
초지조성(草地造成)	꼴 밭 가꾸기	추잠(秋蠶)	가을누에
초추잠(初秋蠶)	초가을 누에	추잠종(秋蠶種)	가을누에씨

추접(秋接)	가을접	취목(取木)	휘묻이
추지(秋枝)	가을가지	취소성(就巢性)	품는 버릇
추파(秋播)	덧뿌림	측근(側根)	곁뿌리
추화성(趨化性)	물따름성, 물쫓음성	측아(側芽)	곁눈
축사(畜舍)	가축우리	측지(側枝)	곁가지
축엽병(縮葉病)	잎오갈병	측창(側窓)	곁창
춘경(春耕)	봄갈이	측화아(側花芽)	곁꽃눈
춘계재배(春季栽培)	봄가꾸기	치묘(稚苗)	어린 모
춘국(春菊)	쑥갓	치은(齒)	잇몸
춘벌(春伐)	봄베기	치잠(稚蠶)	애누에
춘식(春植)	봄심기	치잠공동사육	애누에 공동치기
춘엽(春葉)	봄잎	(稚蠶共同飼育)	
춘잠(春蠶)	봄누에	치차(齒車)	톱니바퀴
춘잠종(春蠶種)	봄누에씨	친주(親株)	어미 포기
춘지(春枝)	봄가지	친화성(親和性)	어울림성
춘파(春播)	봄뿌림	침고(寢藁)	깔짚
춘파묘(春播苗)	봄모	침시(沈柿)	우려낸 감
춘파재배(春播栽培)	봄가꾸기	침종(浸種)	씨앗 담그기
출각견(出殻繭)	나방난 고치	침지(浸漬)	물에 담그기
출사(出)	수염나옴		
출수(出穗)	이삭패기	**ㅋ**	
출수기(出穗期)	이삭팰 때		
출아(出芽)	싹나기	칼티베이터(Cultivator)	중경제초기
출웅기(出雄期)	수이삭 때, 수이삭날 때		
출하기(出荷期)	제철	**ㅍ**	
충령(齡)	벌레나이	파쇄(破碎)	으깸
충매전염(蟲媒傳染)	벌레전염	파악기(把握器)	교미틀
충영(蟲廮)	벌레 혹	파조(播條)	뿌림 골
충분(蟲糞)	곤충의 똥	파종(播種)	씨뿌림
		파종상(播種床)	모판

파폭(播幅)	골 너비	포엽(苞葉)	젖먹이, 적먹임
파폭률(播幅率)	골 너비율	포유(胞乳)	홀씨
파행(跛行)	절뚝거림	포자(胞子)	홀씨번식
패각(貝殼)	조가비	포자번식(胞子繁殖)	홀씨더미
패각분말(敗殼粉末)	조가비 가루	포자퇴(胞子堆)	벌레그물
펠레트(Pellet)	덩이먹이	포충망(捕蟲網)	너비
편식(偏食)	가려먹음	폭(幅)	튀김씨
편포(扁浦)	박	폭립종(爆粒種)	무당벌레
평과(果)	사과	표충(瓢)	표층 거름주기, 겉거름
평당주수(坪當株數)	평당 포기수	표층시비(表層施肥)	주기
평부잠종(平附蠶種)	종이받이 누에	표토(表土)	겉흙
평분(平盆)	넓적분	표피(表皮)	겉껍질
평사(平舍)	바닥 우리	표형견(俵形繭)	땅콩형 고치
	바닥 기르기(축산),	풍건(風乾)	바람말림
평사(平飼)	넓게 치기(잠업)	풍선(風選)	날려 고르기
평예법(坪刈法)	평뜨기	플라우(Plow)	쟁기
평휴(平畦)	평이랑	플랜터(Planter)	씨뿌리개, 파종기
폐계(廢鷄)	못쓸 닭	피마(皮麻)	껍질삼
폐사율(廢死率)	죽는 비율	피맥(皮麥)	겉보리
폐상(廢床)	비운 모판	피목(皮目)	껍질눈
폐색(閉塞)	막힘	피발작업(拔作業)	피사리
폐장(肺臟)	허파	피복(被覆)	덮개, 덮기
포낭(包囊)	홀씨 주머니	피복재배(被覆栽培)	덮어 가꾸기
포란(抱卵)	알 품기	피해경(被害莖)	피해 줄기
포말(泡沫)	거품	피해립(被害粒)	상한 낟알
포복(匍匐)	덩굴 뻗음	피해주(被害株)	피해 포기
포복경(匍匐莖)	땅 덩굴줄기		
포복성낙화생(匍匐性落花生)	덩굴땅콩	**ㅎ**	
	이삭잎	하계파종(夏季播種)	여름 뿌림

하고(夏枯)	더위시듦	행(杏)	살구
하기전정(夏期剪定)	여름 가지치기	향식기(餉食期)	첫밥 때
하대두(夏大豆)	여름 콩	향신료(香辛料)	양념재료
하등(夏橙)	여름 귤	향신작물(香愼作物)	양념작물
하리(下痢)	설사	향일성(向日性)	빛 따름성
하번초(下繁草)	아래퍼짐 풀, 밑퍼짐 풀,	향지성(向地性)	빛 따름성
	지표면에서 자라는 식물	혈명견(穴明繭)	구멍고치
하벌(夏伐)	여름베기	혈변(血便)	피똥
하비(夏肥)	여름거름	혈액응고(血液凝固)	피엉김
하수지(下垂枝)	처진 가지	혈파(穴播)	구멍파종
하순(下脣)	아랫잎술	협(莢)	꼬투리
하아(夏芽)	여름눈	협실비율(莢實比率)	꼬투리알 비율
하엽(夏葉)	여름잎	협장(莢長)	꼬투리 길이
하작(夏作)	여름 가꾸기	협폭파(莢幅播)	좁은 이랑뿌림
하잠(夏蠶)	여름 누에	형잠(形蠶)	무늬누에
하접(夏接)	여름접	호과(胡瓜)	오이
하지(夏枝)	여름 가지	호도(胡挑)	호두
하파(夏播)	여름 파종	호로과(葫蘆科)	박과
한랭사(寒冷紗)	가림망	호마(胡麻)	참깨
한발(旱魃)	가뭄	호마엽고병(胡麻葉枯病)	깨씨무늬병
한선(汗腺)	땀샘	호마유(胡麻油)	참기름
한해(旱害)	가뭄피해	호맥(胡麥)	호밀
할접(割接)	짜개접	호반(虎班)	호랑무늬
함미(鹹味)	짠맛	호숙(湖熟)	풀 익음
합봉(合蜂)	벌통합치기, 통합치기	호엽고병(縞葉枯病)	줄무늬마름병
합접(合接)	맞접	호접(互接)	맞접
해채(茶)	염교	호흡속박(呼吸速迫)	숨가쁨
해충(害蟲)	해로운 벌레	혼식(混植)	섞어심기
해토(解土)	땅풀림	혼용(混用)	섞어쓰기

200

혼용살포(混用撒布)	섞어뿌림, 섞뿌림	화진(花振)	꽃떨림
혼작(混作)	섞어짓기	화채류(花菜類)	꽃채소
혼종(混種)	섞임씨	화탁(花托)	꽃받기
혼파(混播)	섞어뿌림	화판(花瓣)	꽃잎
혼합맥강(混合麥糠)	섞음보릿겨	화피(花被)	꽃덮이
혼합아(混合芽)	혼합눈	화학비료(化學肥料)	화학거름
화경(花梗)	꽃대	화형(花型)	꽃모양
화경(花莖)	꽃줄기	화훼(花卉)	화초
화관(花冠)	꽃부리	환금작물(環金作物)	돈벌이작물
화농(化膿)	곪음	환모(渙毛)	털갈이
화도(花挑)	꽃복숭아	환상박피(環床剝皮)	껍질 돌려 벗기기,
화력건조(火力乾操)	불로 말리기		돌려 벗기기
화뢰(花)	꽃봉오리	환수(換水)	물갈이
화목(花木)	꽃나무	환우(換羽)	털갈이
화묘(花苗)	꽃모	환축(患畜)	병든 가축
화본과목초(禾本科牧草)	볏과목초	활착(活着)	뿌리내림
화본과식물(禾本科植物)	볏과식물	황목(荒木)	제풀나무
화부병(花腐病)	꽃썩음병	황숙(黃熟)	누렇게 익음
화분(花粉)	꽃가루	황조슬충(黃條)	배추벼룩잎벌레
화산성토(火山成土)	화산흙	황촉규(黃蜀葵)	닥풀
화산회토(火山灰土)	화산재	황충(蝗)	메뚜기
화색(花色)	꽃색	회경(回耕)	돌아갈이
화속상결과지	꽃덩이 열매가지	회분(灰粉)	재
(化束狀結果枝)		회전족(回轉簇)	회전섶
화수(花穗)	꽃송이	횡반(橫斑)	가로무늬
화아(花芽)	꽃눈	횡와지(橫臥枝)	누운 가지
화아분화(花芽分化)	꽃눈분화	후구(後軀)	뒷몸
화아형성(花芽形成)	꽃눈형성	후기낙과(後期落果)	자라 떨어짐
화용	번데기 되기	후륜(後輪)	뒷바퀴

후사(後飼)	배게 기르기	흑임자(黑荏子)	검정깨
후산(後産)	태낳기	흑호마(黑胡麻)	검정깨
후산정체(後産停滯)	태반이 나오지 않음	흑호잠(黑縞蠶)	검은띠누에
후숙(後熟)	따서 익히기, 따서 익힘	흡지(吸枝)	뿌리순
후작(後作)	뒷그루	희석(稀釋)	묽힘
후지(後肢)	뒷다리	희잠(姬蠶)	민누에
훈연소독(燻煙消毒)	연기찜 소독		
훈증(燻蒸)	증기찜		
휴간관개(畦間灌漑)	고랑 물대기		
휴립(畦立)	이랑 세우기, 이랑 만들기		
휴립경법(畦立耕法)	이랑짓기		
휴면기(休眠期)	잠잘 때		
휴면아(休眠芽)	잠자는 눈		
휴반(畦畔)	논두렁, 밭두렁		
휴반대두(畦畔大豆)	두렁콩		
휴반소각(畦畔燒却)	두렁 태우기		
휴반식(畦畔式)	두렁식		
휴반재배(畦畔栽培)	두렁재배		
휴폭(畦幅)	이랑 너비		
휴한(休閑)	묵히기		
휴한지(休閑地)	노는 땅, 쉬는 땅		
흉위(胸圍)	가슴둘레		
흑두병(黑痘病)	새눈무늬병		
흑반병(黑斑病)	검은무늬병		
흑산양(黑山羊)	흑염소		
흑삽병(黑澁病)	검은가루병		
흑성병(黑星病)	검은별무늬병		
흑수병(黑穗病)	깜부기병		
흑의(黑蟻)	검은개미누에		

부추

1판 1쇄 인쇄 2024년 03월 05일
1판 1쇄 발행 2024년 03월 11일
저   자 국립원예특작과학원
발 행 인 이범만
발 행 처 **21세기사** (제406-2004-00015호)
경기도 파주시 산남로 72-16 (10882)
Tel. 031-942-7861   Fax. 031-942-7864
E-mail : 21cbook@naver.com
Home-page : www.21cbook.co.kr
ISBN 979-11-6833-148-8

정가 20,000원